図解 土づくり タネまき 植えつけ

ONE PUBLISHING

目次
CONTENTS

第3章 育ちがよくなるタネまきと植えつけ

取材協力・栽培指導＝木嶋利男、三浦伸章、福田 俊、髙木篤史、横山和成、田村吾郎、井原英子、新田穂高（敬称略）

はじめに

野菜づくりはスタートが肝心！

土づくり、タネまき、植えつけ。最初がよければ、すべてよし。野菜づくりがラクに楽しめておいしい野菜がどっさり採れます。

野菜づくりの苦労は、病気や害虫、過湿や乾燥、日照不足、養分の多寡などさまざまな要因によって増えます。

でも、スタートをうまく切りさえすれば、たいていの苦労は解消されます。スタートとは、いい土をつくる方法、上手なタネのまき方、苗の植え方のコツの3つです。

ポイントを押さえて野菜づくりを実践すると、まず、野菜は驚くほど根をよく張ります。根を広く深く張った野菜は、自分の力で養水分を得ようとするため、日照りの乾燥期でも水やり不要で平気で育ち、おいしい実をたくさんつけるようになります。

また、発芽時や苗の植えつけ時は、野菜に病原菌がつくリスクがとても高いときです。発芽をうまくそろえ、苗をスムーズに根付かせれば、それだけで病気のリスクはガクンと減少します。

栽培の苦労から解放されたら、野菜の世話をするのも、生長ぶりを眺めるのも、本当に楽しくなります。畑に向かう足取りがいっそう軽くなることでしょう。

本書では、どなたでも容易に野菜づくりができるように、土づくり、タネまき、植えつけの基本とコツ、テクニックを紹介します。ぜひみなさんの野菜づくりに取り入れて、大きな実りを楽しんでください。いいスタートが、いい結果を生みます。

第1章

野菜が健康に育つ土づくり

01 いい土がおいしい野菜をつくる

1 野菜が健康に育つ〝団粒構造〟の土

野菜が根を伸ばすには適度な水と空気が必要

野菜が健康に育つには、畑の土が適度な空気と水分を含んでいることが肝心です。砂や粘土などの固形物が約40％（固相）、空気が約30％（気相）、水が約30％（液相）の割合が理想とされます。

フカフカでやわらかく、しっとりした状態の土で、タネをまくと発芽がそろい、野菜は根をよく伸ばして養水分をスムーズに吸収することができます。

液相が小さい乾いた土では発芽がそろわず根も伸び悩みます。逆に液相が大きくて気相が小さい土では、タネが呼吸できずに腐り、根腐れも起きやすくなります。

かたく締まった土を鍬や耕うん機で耕すと、土が空気を含んでややわらかくなります。ただし、耕すだけでは雨が降るとやがてもとのかたい土に戻ってしまいます。

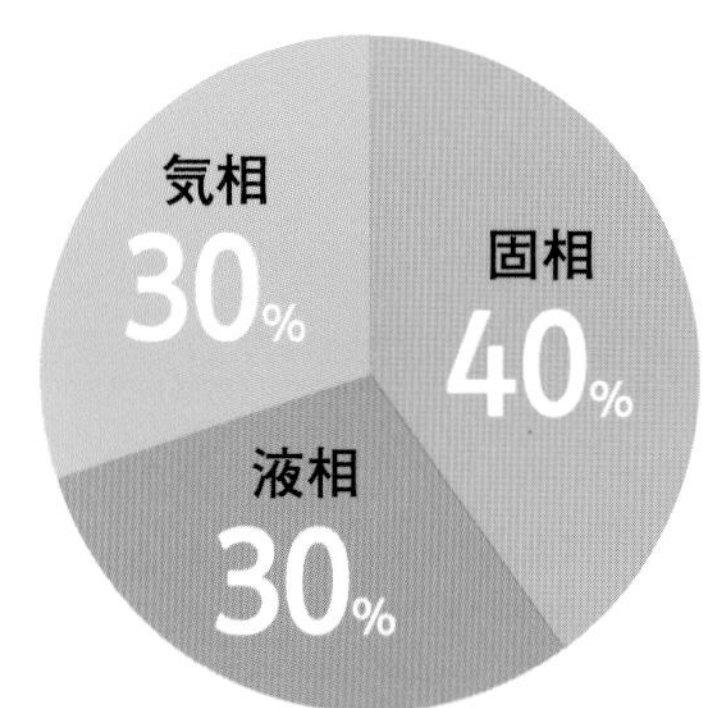

○ 理想の状態

野菜の根が十分に呼吸でき、養水分を吸収できる、空気と水をバランスよく含んだ状態の土。まいたタネもスムーズに発芽する。

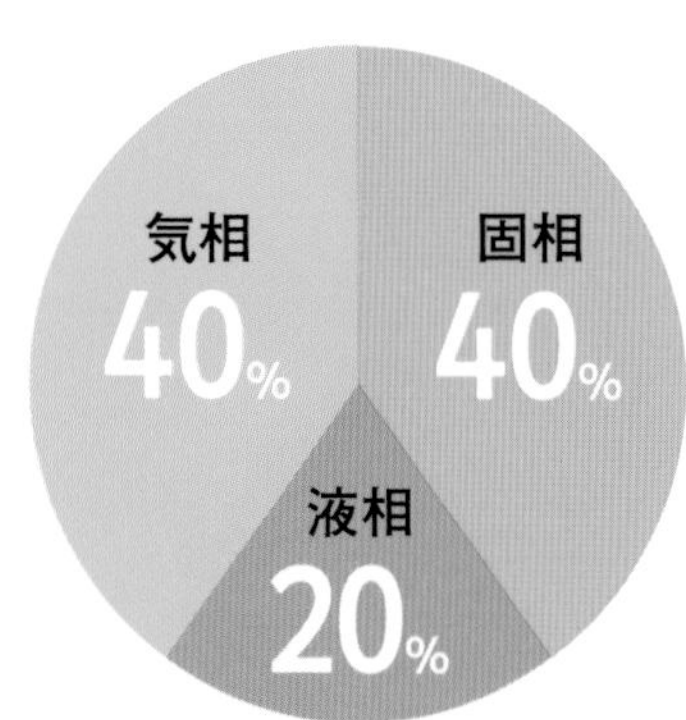

△ 乾いた状態

砂質の畑など水はけがよすぎる畑では、雨が少ないと液相が小さくなり野菜に乾燥害が出やすい。保水力を高める工夫が必要（25ページ参照）。

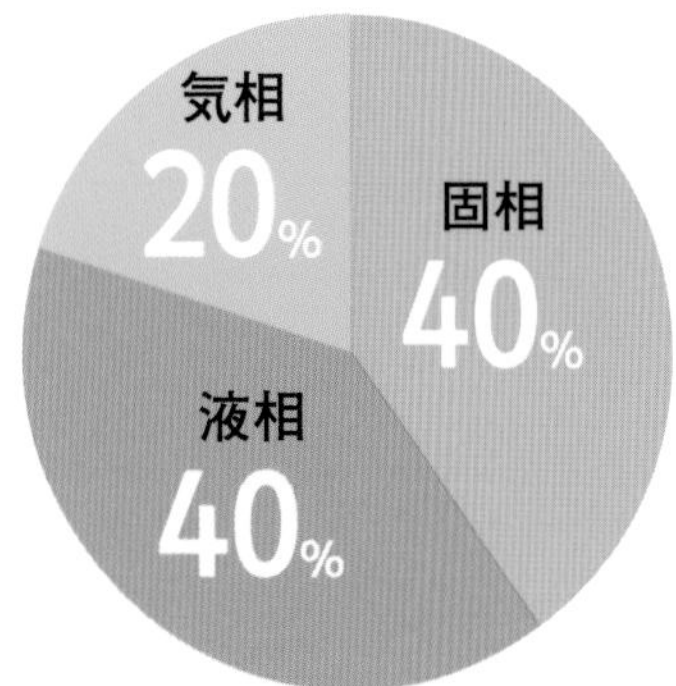

△ 湿った状態

粘土質の畑など水はけの悪い畑では雨が降ると野菜の根腐れが心配。土に隙間をつくって、水はけを改善する工夫が必要（25ページ参照）。

水持ちと水はけがいい団粒構造が発達した土

左の写真は、有機栽培を続けている畑の土です。やわらかくてしっとりと湿っていて、よく見ると土がコロコロした大小の団子状の粒になっているのがわかります。この土の状態を「団粒構造」と呼びます。

団粒は、砂粒や粘土や腐植（有機物が分解されてできた物質）などがくっついてできた粒です。

団粒構造の土は、保水力があって、同時に水はけがいいのが特徴です。これは、雨が降ると団粒の中に水が蓄えられ、また、団粒と団粒の間は隙間だらけで空気の出入りがよく、余分な水は隙間を通って地下に抜けていくからで、固相、気相、液相のバランスが自然によくなります。次のページから団粒構造の土のつくり方を順を追って紹介しましょう。

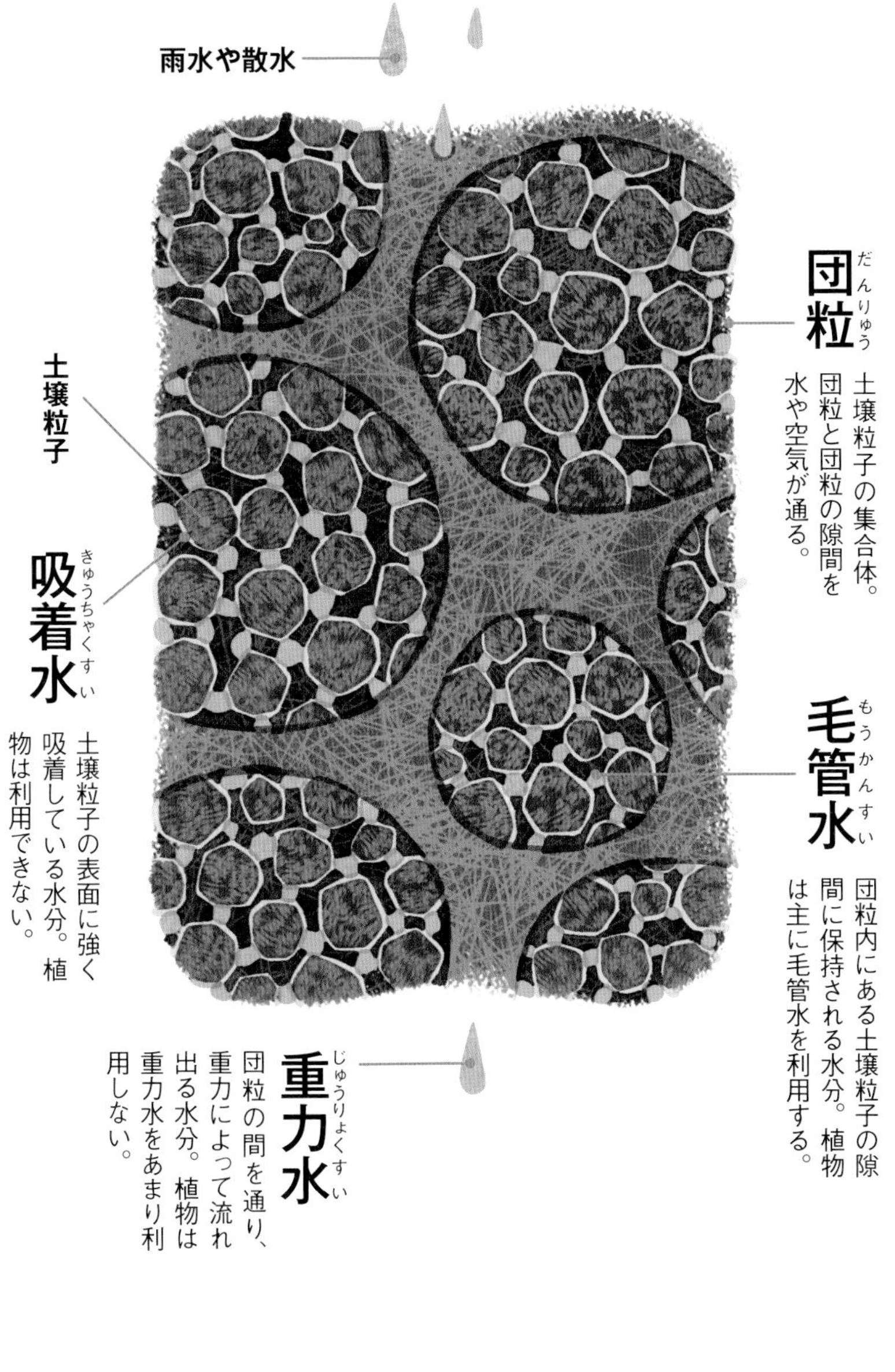

雨水や散水

団粒
土壌粒子の集合体。団粒と団粒の隙間を水や空気が通る。

土壌粒子

吸着水
土壌粒子の表面に強く吸着している水分。植物は利用できない。

毛管水
団粒内にある土壌粒子の隙間に保持される水分。植物は主に毛管水を利用する。

重力水
団粒の間を通り、重力によって流れ出る水分。植物は重力水をあまり利用しない。

2 土壌微生物がいい土をつくり出す

砂粒が団子になるのは土壌微生物のおかげ

人が土をいくら耕しても、団粒構造の土をつくることはできません。土が団粒化するのは、土壌微生物が活動しているおかげです。

有機栽培を続けている畑の土には、1g中に数十億もの多種多様な土壌微生物が棲んでいるといわれます。土壌微生物は、畑にすき込んだ堆肥や有機質肥料、動植物の遺骸、野菜や雑草の根が分泌する炭水化物などの有機物をエサにして活動しています。

砂粒が団子状になるためには接着剤が必要です。その役目を果たしているのは粘土と腐植、それから土壌微生物が分泌する粘液です。腐植は前述したように、有機物が土壌微生物によって分解されてできたものですから、土が団粒化するには、有機物とそれを分解する土壌微生物の存在が不可欠です。

土壌微生物は土を団粒化し、そこを自らの棲み家としています。団粒構造の土は多種多様な土壌微生物が棲む「マンション」です。

野菜は土壌微生物と共生している

野菜は、根から吸った水と葉の気孔から取り込んだ二酸化炭素をもとに、太陽光のエネルギーで炭水化物をつくります（光合成）。

さらに、根からは水だけでなく窒素（N）、リン酸（P）、カリウム（K）をはじめ、さまざまな養分を取り入れて、タンパク質や脂質を合成し、自分の体をつくって生長します（31ページ参照）。

これらの養分は土の中にある有機物や岩石に含まれているものです。ただ、野菜は有機物や岩石をそのまま根から吸うことができません。有機物は根の周りにいる土壌微生物が十分に分解してから、岩石のミネラルは土壌微生物や野菜の根が出す有機酸で溶かされてから、水とともに根から吸収します。一方、根の周りに棲む土壌微生物は、野菜の根が分泌する炭水化物をもらって生きています。土の中では、土壌微生物と野菜の共生関係が結ばれています。

光、水、二酸化炭素などを利用してエネルギーをつくり出す

野菜は葉から二酸化炭素、根から水と養分を取り入れる。葉で光合成を行い、炭水化物をつくり、酸素を吐き出す。炭水化物をエネルギーに、葉や根の細胞をつくって自ら生長する。

根から水と養分を吸う

野菜は根から水とさまざまな養分を吸収して、生長や生命活動に利用する。養分のうち、多くの量を必要とするのが窒素、リン酸、カリウム。堆肥や肥料を与えて補給する必要がある。

無機化された肥料成分が水に溶けて根から吸われる

堆肥や有機質肥料などの有機物は土壌微生物によって徐々に分解され、無機化する。無機化して水に溶けると根から吸えるようになる。なお、根はアミノ酸などの有機物も直接吸収していることがわかってきた。

3 エサ＝有機物が土壌微生物を増やす

堆肥を入れて団粒化 保肥力もアップする

土壌微生物を増やすために、土壌微生物の食べ物である有機物を畑に施します。堆肥（22ページ参照）や有機質肥料（32ページ参照）が、土壌微生物を増やすためのよいエサになります。そのほか、刈った雑草を畝や通路に敷いておくのも有効で、土が表層から自然に団粒化していきます。

土壌微生物が増えて土の団粒化が進むと、水持ちや水はけが向上するだけでなく、養分を保持する力（保肥力）も向上します。これは、腐植や粘土がマイナス荷電であるのに対して、無機化して水に溶けた窒素（NH_4^+）やカリウム（K^+）などがプラス荷電であるため、電気的に団粒に引き寄せられるからです。団粒の中の吸着水（9ページ参照）に溶けた状態でもある程度の養分が保持されます。

1 堆肥は有機物を発酵させたもの。畑にすき込むと土壌微生物が増えて、団粒化が進む。主材料が落ち葉、樹皮、牛ふんなどいろいろな種類の堆肥がある。2 米ぬか、油かす、草木灰などの有機質肥料も土壌微生物のエサになる。なお、工業的につくられた化学肥料は、多くの土壌微生物のエサにはならない。化学肥料だけを使っている畑では土壌微生物は減り、土はサラサラに単粒化する。

4 野菜を育てる多種多様な土壌微生物

土壌微生物の多様性が野菜の育ちをよくする

団粒化が進んだ土には、多種多様な土壌動物、カビ、細菌、ウイルスなどが活動しています。こうした畑では、土壌病害が起こりにくく、野菜の生長がよくなります。

土壌動物

体長0.2㎜、体幅0.1㎜以下のワムシなど微小な動物、体長0.2～2㎜、体幅2㎜以下のトビムシ、体長2㎜以上のミミズなどの動物を指す。

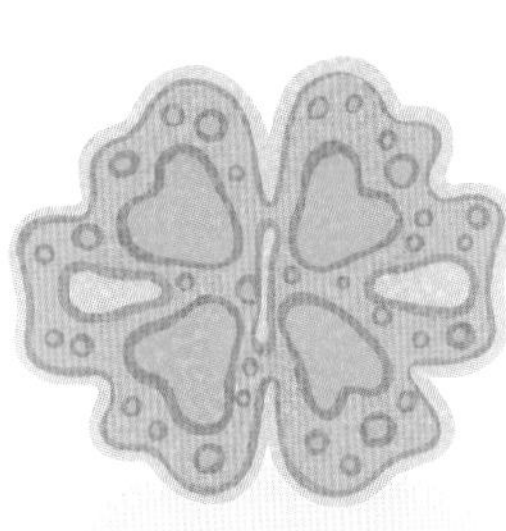

藻類

植物と同じように、葉緑素を持ち、光合成を行う微生物のこと。水中に存在するものが多いが、土壌中にも存在する。藍藻、緑藻などのことを呼ぶ。

菌類

カビ、キノコ、酵母など多種多様なものが含まれる。菌糸の太さは3～10μmほどで、肉眼でも見える。有機物の分解能力が高い。

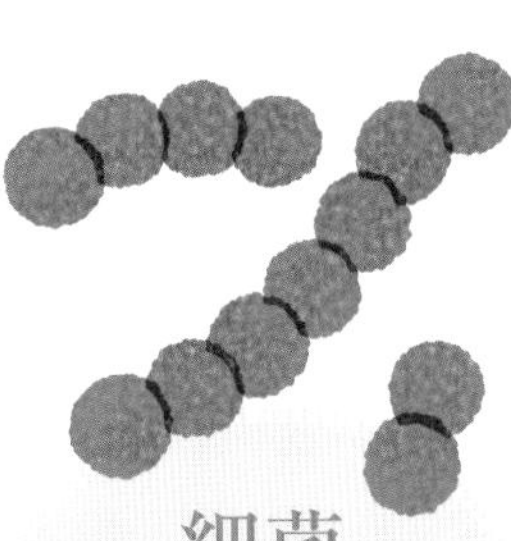

細菌

大きさ1μmほどの微生物。有機質、無機質のどちらもエサにして植物に必要な栄養素をつくり出す。マメ科と共生する窒素固定菌も細菌の仲間。

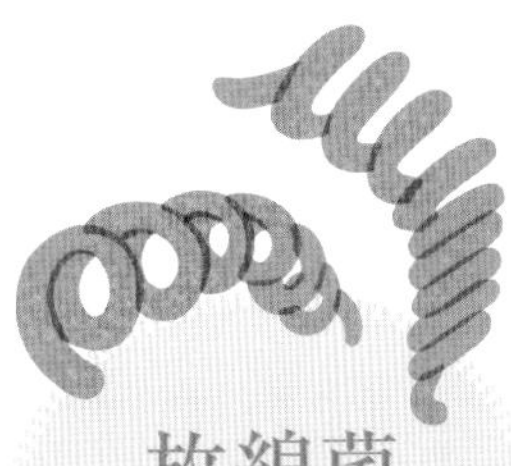

放線菌

細菌とカビの特徴を併せ持ち、ほとんどが土壌中に存在する。畑の表土1gあたりに10万～100万ほど存在するといわれる。有機物の分解をする。

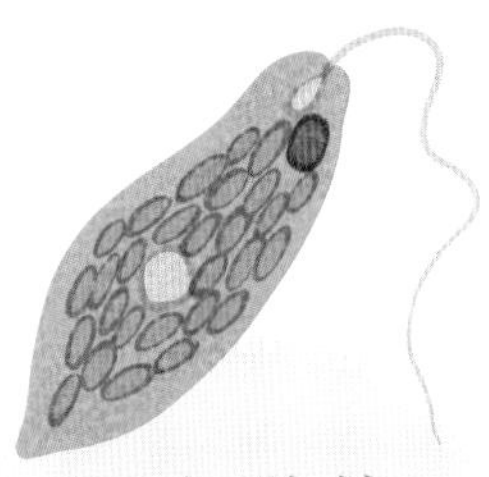

原生動物

単細胞生物で、動物のような動きをするもののこと。薄い細胞膜で覆われた細胞を持つ。形態はさまざまで、ミドリムシやアメーバなどのことを呼ぶ。

ウイルス

体の大きさが0.2～0.3μmで、細菌よりもさらに小さい病原体。遺伝子を持ち、生きた宿主細胞の中でのみ増殖することができる。

5 土壌酸性度を弱酸性～中性に調整する

野菜も土壌微生物も大好きなゾーンがある

野菜の順調な生育には、土の酸性度（pH）も影響します。ほとんどの野菜は、弱酸性～中性の土でよく育ちます。これは野菜を育てる土壌微生物が活動しやすい酸性度と一緒です。

土づくりをする前に、酸性度をチェックして、もし酸性を示していたら、貝化石やかき殻石灰などのアルカリ資材を畑にすき込んで調整します（41ページ参照）。これで、土壌微生物が活動できる環境が整います。

多用な土壌微生物が活性化していると、互いに影響し合うために安定して、野菜に病害を起こす一部の菌だけが増殖してひとり勝ちするようなことがなくなります。

団粒構造が発達した畑では、野菜に病気が出にくくなり、野菜をつくりやすくなります。

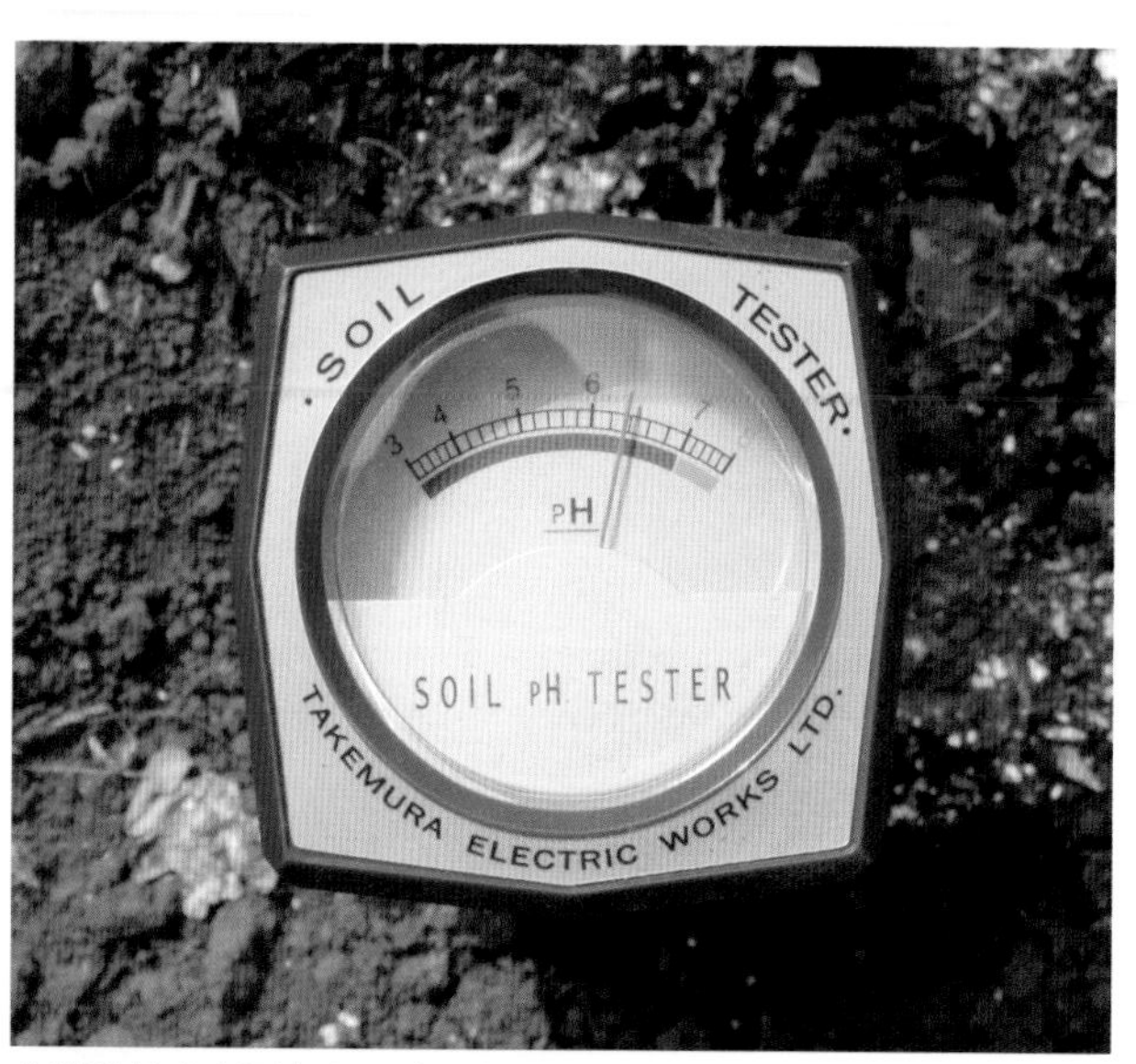

土壌酸性度を測定するグッズがホームセンターで売られている。畑の土が野菜づくりに適しているかどうかの事前チェックは重要。アルカリ資材の施しすぎによる弊害も防げる。

多くの微生物が中性の土壌で活動する

pH

5.5 6.0 6.5 7.0 7.5 8.0 8.5

酸性 | 中性 | アルカリ性

アルカリ性に傾くと野菜が養分を吸収しづらくなる。土壌微生物の活動も鈍る。

弱酸性～中性で土壌微生物の多様性が増す。ほとんどの野菜がよく育つ。

酸性土壌ではカビが活動しやすくなり、野菜に病気が出やすくなる。

まとめ

野菜が健全に育つ土は物理性、化学性、生物性が向上した土

土壌微生物が活動しやすい土づくりを心掛ける

野菜がよく育つ「いい土」は、物理性、化学性、生物性の三相が優れている土です。

物理性のいい土とは、水はけ、水持ち、通気性がよいことを指します。

化学性のよさは、土壌酸性度が適正（弱酸性～中性）で、保肥力が高いことを指します。そして、生物性のよさは、土の中に多種多様な土壌微生物が活動していることを指します。

野菜の根と野菜の根の周りに集まる土壌微生物は、密接な共生関係にあることを紹介しました。野菜が健康に育つ土を手に入れるには、堆肥や有機質肥料を施して土壌微生物の活動を促し、生物性を向上させることが大きなポイントになります。

土壌微生物が活動すれば、その結果として土の団粒化が進みますから、物理性と化学性の改善に自然につながります。

野菜が健全に育つ土づくりの主役は、土壌微生物。エサとなる有機物を施し、土壌微生物の活動を助けることが、土づくりのカギになる。

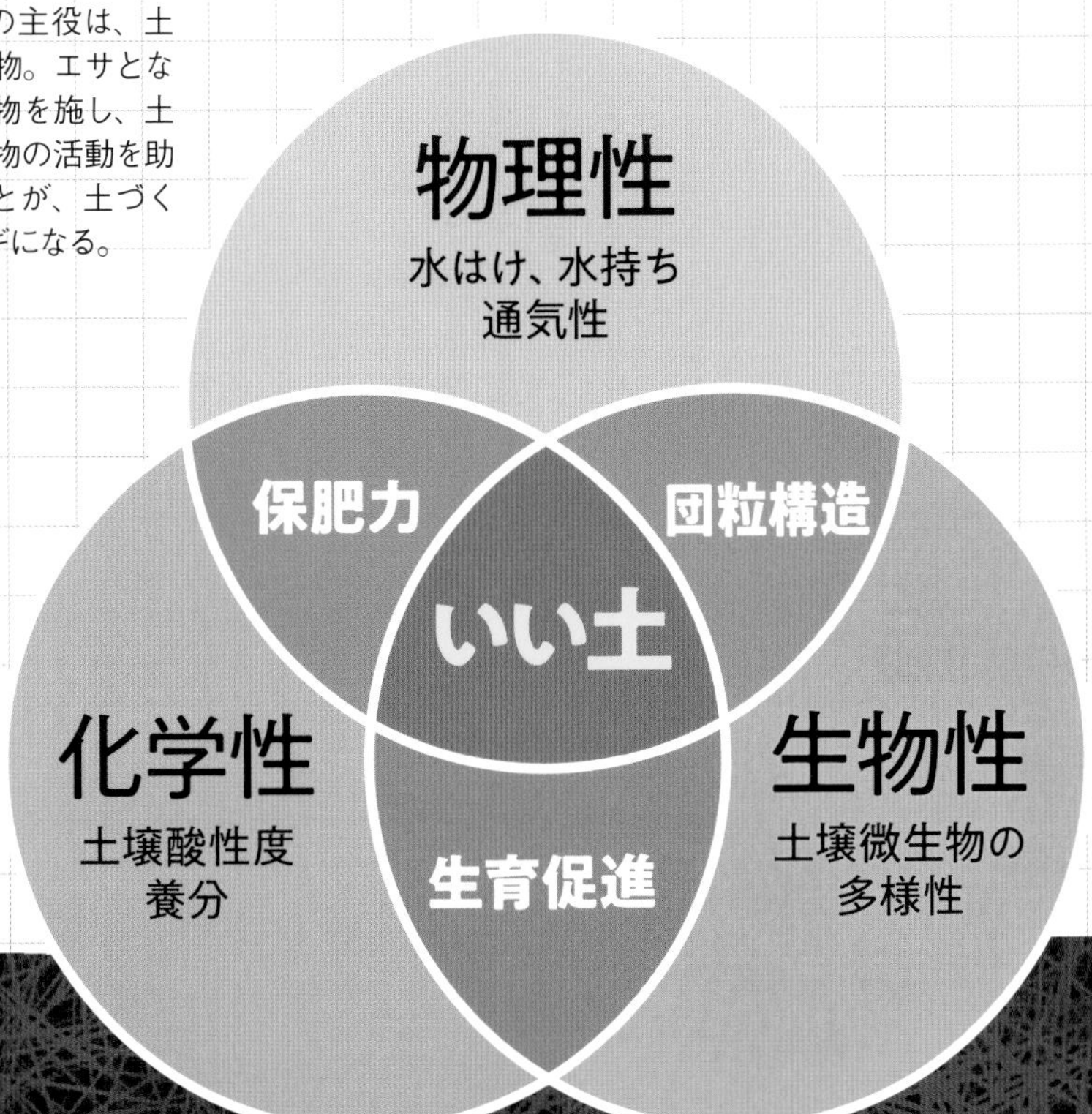

物理性
水はけ、水持ち
通気性

化学性
土壌酸性度
養分

生物性
土壌微生物の
多様性

保肥力
団粒構造
生育促進
いい土

02 堆肥でフカフカの土づくり

1 土づくりの基本作業

土を耕して空気を入れ堆肥などをすき込む

多種多様な土壌微生物が増殖して活発に活動できるよう、堆肥を使った土づくりの基本作業を紹介します。ポイントは、野菜を植えつける2～4週間前までに、畝をつくっておくことです。畝をつくる際に堆肥と有機質肥料などを土に混ぜますが、有機物が分解するには時間がかかるためです。

地温が低い春先には土壌微生物の活性が低いため3～4週間前までに、夏は2週間前までに作業を済ませておくといいでしょう。

畝の向きは南北方向に沿ってつくるのが一般的で、野菜にまんべんなく日が当たります。また、畝の幅は家庭菜園では約60㎝が使いやすく、畝と畝の間は40㎝程度空けて通路として利用します。

1 除草する

雑草が生えていたら除草する。三角ホーや除草用鎌の刃を地面の浅い部分に入れ、根を断ち切って除草する。刈った草は畑の隅に積んでおき、堆肥材料などに利用する。

2 土を粗く耕す

新規に畑にする場所などで土がかたく締まっていたら、畑全体の土をザックリと掘り起こす。この作業には、開墾鍬かショベルを使うとラク。異物やごみがあったら取りのぞく。

3 土を寄せて畝をつくる

周囲の土を鍬で寄せて盛り上げる。高さは土質や育てる野菜によって変える（19ページ参照）。ロープを張って作業するとまっすぐな畝をつくれる。

4 畝の表面に元肥をまく

畝の形がだいたい整ったら、畝の表面に元肥として堆肥（22ページ～参照）、必要な有機質肥料や有機石灰（36ページ～参照）をまく。

5 元肥を畝に混ぜる

平鍬を使い、元肥を畝の土全体に混ぜる。前進しながらサクサクと土を耕して畝を1往復するとよく混ざる。ただし、土を細かく耕しすぎないように。

6 畝の形を整える

最後に表面を平らにならし、側面の土を押さえて形を整える。鍬やレーキを使うか、板切れを利用すると初心者でも容易に平らな畝をつくれる。

Point

雨が降った直後に土を耕さないこと

深さ5㎝の土の湿り具合をチェックする。握ると団子になり、指で押すと崩れる程度のときに耕すといい。雨後で土が濡れているときには耕さないこと。土がこねられて密になってしまう。

2 耕す深さは約20cmが目安

作土層を耕して土中に空気をたっぷり送る

一般的に畑の土はいくつかの層になっています。

上から順に、根を張らせるために耕す層が「作土層」、その下にあるのがかたく締まった「耕盤層」、さらにその下は「心土層」があります。

野菜によって根が張る深さは変わりますが、ゴボウやナガイモなどの長い根菜類をのぞけば、おおむね20cmまでの深さを耕して空気を含ませておけば十分です。

写真はニンジンの畝を掘ってみた様子です。表層近くに細かい根がたくさん伸びているのがわかります。

作土層（とくに表層付近）は、根が土壌微生物と共生して養水分を吸収している現場です。

そこから下は耕す必要は基本的にありません。

根が張る表層約20cmを耕しておく

表層近くは空気が豊富で土が温まりやすく、土壌微生物の活性が高い場所。そこに野菜は細根をびっしりと張って養水分を吸収して生長する。地下の水を求めて直根が深さ40cm以上に達しているが、ここは耕さなくていい場所だ。

約20cm

鍬の刃の長さが耕す深さの目安

耕すときはショベルや鍬を使うが、刃の長さが耕す深さの目安になる。これよりも深く耕すと、メタンガスを発生させる土壌微生物が浅いところまで出てきて、野菜の根を傷つけることもある。

3 畝の高さを変えて水はけを改善

水はけが悪ければ高畝 乾きやすい土なら平畝

畝は野菜を育てる「ベッド」です。土を盛って周囲よりも1段高くすることで、根を張るスペースを十分に確保できるのがメリットです。ナスなど根を深く張らせたい野菜を育てる場合、高畝をつくれば作土層を増やせます。

畝の高さで水はけを改善することができます。粘土質で水はけの悪い畑や、土を掘ると水がにじんでくる地下水位の高い畑では高畝をつくると、水はけをよくすることができます。湿気を嫌う野菜を育てることができます。

逆に砂質の畑などで水はけがよすぎて乾燥する場合は平畝が向いています。水はけも水持ちもいい畑なら、土を盛り上げなくても野菜は問題なくよく育ちます。

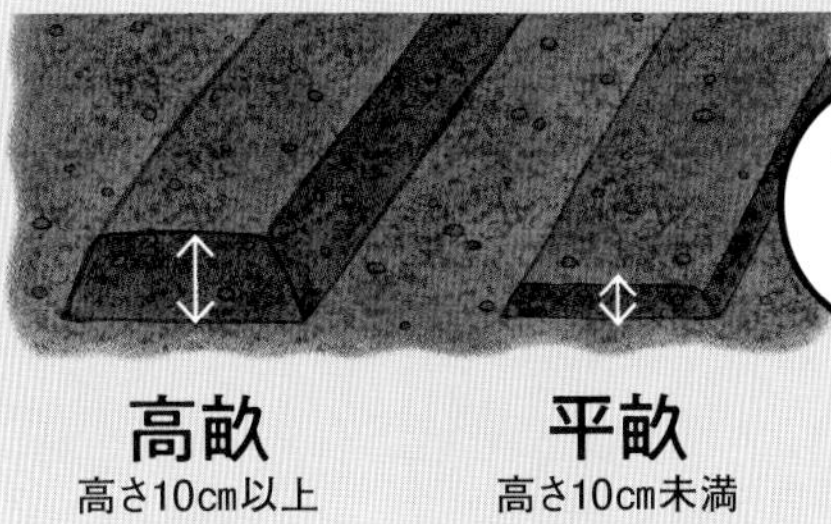

平畝は高さ10cm未満の畝。高畝は高さ10cm以上の畝。水はけの悪い畑でトマトやスイカをつくる場合は20cm程度の高さの畝をつくって水はけをよくして苗を植えるといい。

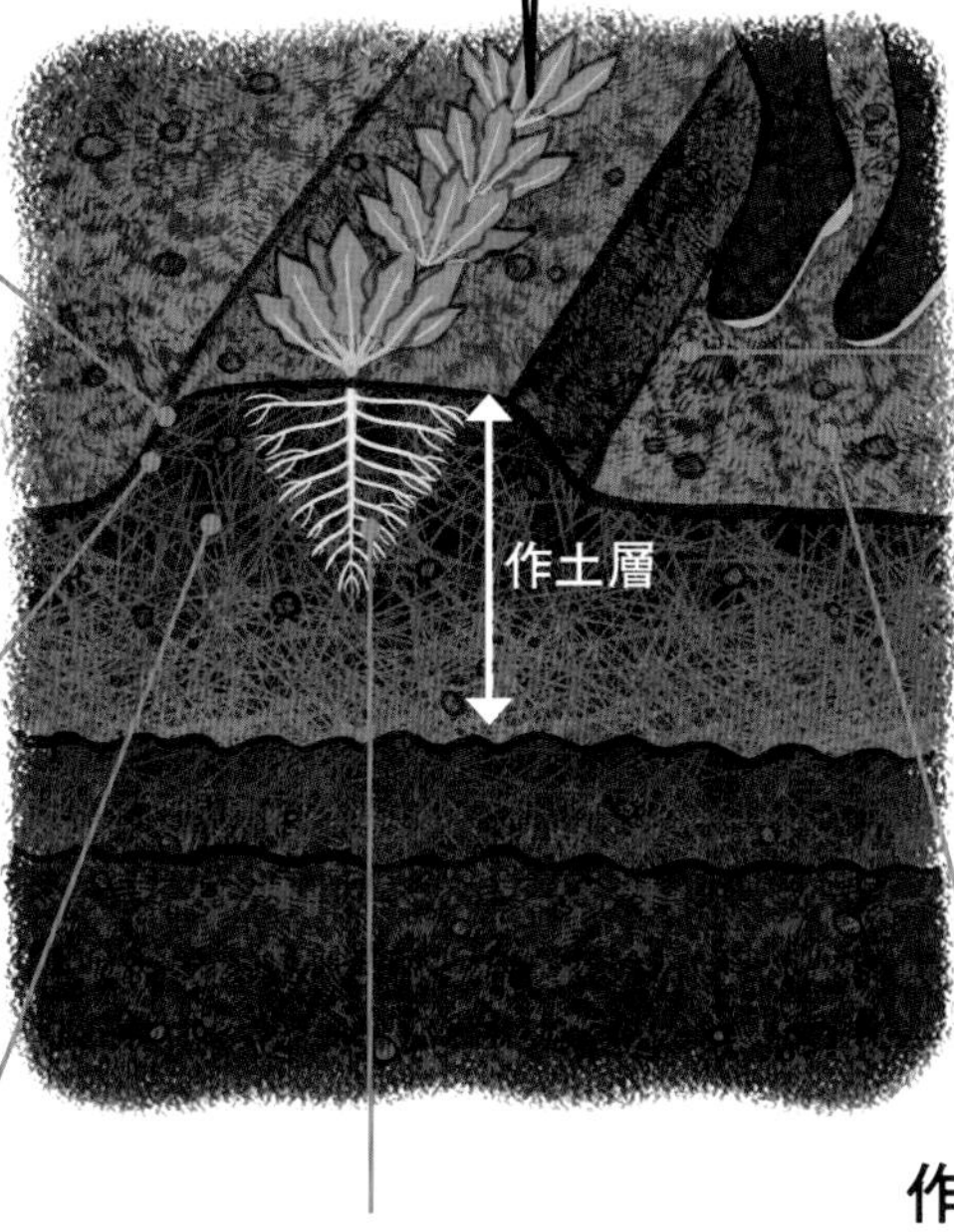

日当たりがよくなる
通路があるので、野菜に日がよく当たるようになり生育が促進。風通しもよくなる。

地温が上がる
畝を高くすると太陽熱を受けやすくなり、地温が高まる。寒い時期のタネまきに有効。

通路と区別がつく
境界がはっきりするので、根が張っている場所をうっかり踏む心配がなくなる。

水はけがよくなる
畝の高さで水はけの調節が可能。粘土質の畑では高畝をつくれば大雨が降っても水が抜けやすく、土を乾き気味の状態にキープできる。砂質の畑はもともと水はけがいいので、高くする必要はない。

根がよく張る
畝を高く立てると作土層が増え、根が張るスペースがその分確保される。もともと作土層が浅い畑では高めの畝を立てるといい。

作業がしやすくなる
通路幅を40cm程度とると、タネまきや収穫などの作業がしやすくなる。畝幅を60cmにすると畝の野菜に手が届くので作業性がいい。

重要

畑の土質や水はけの良し悪しをチェックし畝の高さを変えて土壌環境を整える

土を湿らせてコヨリをつくって土質を調べる

雨の翌日に畑を見に行き、通路に水がたまって引かないようなら水はけの改善が必要です。高畝をつくり、さらに水を畑の外に逃がす明渠(めいきょ)をつくるといいでしょう。

19ページで土質によって畝の高さを変えるといいと紹介しましたが、自分の畑の土質を知っておくことは重要です。というのも、土質によってふさわしい堆肥の種類があり、使用する堆肥の量も変わるからです(25ページ参照)。

粘土質や砂質など、畑の土質をチェックする簡単な方法があるので、試してみましょう。土でコヨリをつくって判断します。

低　畝の高さ　高

砂質

まったくまとまらない。粘土が少なく砂の割合が多いため、ザラザラが手に残るだけ。低い畝をつくって野菜を乾燥から守るといい。

中間的な土質

ボソボソした太い棒状になる。粘土と砂がほどよく混ざり、腐植も含まれているため、このような形状になる。高畝にする必要はない。

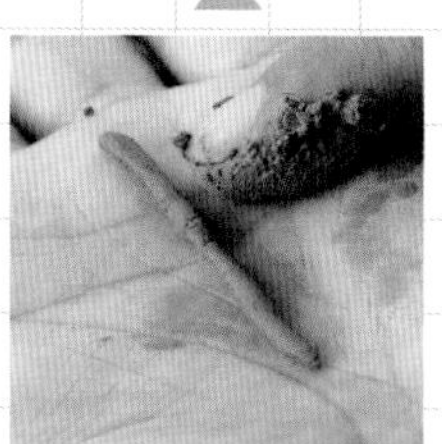

粘土質

土に水を加えてねじると細いコヨリができる。粘土質の土は、粘土を多く含んでいて、砂の量が少ないため、粘り気があるのが特徴。

水はけの悪い畑では明渠をつくって排水する

水がなかなか引かない畑では、野菜が根腐れを起こしやすく、病気も出やすい。そこで、雨後に畑を観察して水がたまる場所を確認しておき、そこに明渠をつくる。深さ20〜30㎝の溝を掘り、畑の外に水を流す工夫だ。泥で溝が埋まりやすいので、ときどきメンテナンスが必要だ。

4 耕盤層を粗く壊して水はけを改善する

畑の土の通気性と水はけを劇的に改善

畑の土を掘って、作土層の厚さをチェックしておきましょう。畑によっては浅いところに「耕盤層」があり、作土層が意外と浅い場合があります。

耕盤層はかたく締まった水はけと通気性が悪い層です。作土層が浅いと野菜が根を十分に伸ばせません。解決策は、高畝にして作土層を増やすほか、耕盤層そのものを壊す方法があります。水と空気の通りが改善され、野菜の根張りがよくなります。

耕盤層の壊し方は左の通り。ポイントは溝を掘る際に、作土層の上部の土と下部の土を溝の左右に振り分けて積んでおき、埋め戻す際に下部の土は下に、上部の土は上に戻すことです。それから、耕盤層はゴロゴロした大きな塊の状態で壊すことです。

畑を掘ると耕盤層が現れた。作土層が十数センチしかないので耕盤層を壊すことにした。耕盤層はトラクターや耕うん機の耕うん爪で土が何度も叩かれているうちにできる層。カチカチに固まって水や空気の通りを遮断するため、浅い位置にあると湿害と乾燥害が出やすくなる。

1 畝をつくる場所のセンターラインに沿って耕盤層が現れるまで溝を掘ったら、耕盤層にショベルを刺して粗く起こす。2 後退しながら耕盤層を粗く起こしていく。細かく耕すと再び固まってしまうので、ゴロゴロした状態がいい。3 土で埋め戻したら畝を立てる。

03

堆肥の種類と上手な選び方

1 植物性堆肥と動物性堆肥がある

土づくり効果が高く肥料効果も望める

堆肥には、落ち葉、バーク、もみ殻、ワラなど植物質の有機物が主原料の植物性堆肥と、牛ふん、豚ぷん、馬ふん、鶏ふんなどの家畜ふんが主原料の動物性堆肥があります。いずれも、土壌微生物のエサとなって土の団粒化を進める土づくり効果と、養分を野菜に供給する肥料効果があり、窒素、リン酸、カリウム、マグネシウム、カルシウムのほか、野菜が必要とする微量要素を含んでいます。

土づくり効果が高いのは炭素分が多い植物性堆肥です。動物性堆肥は窒素分が比較的多いので、肥料効果も望めます。特徴を知って使い分けると土づくり効果が上がります。なお、鶏ふん堆肥（発酵鶏ふん）は化学肥料並みの速効性があるため、土づくり資材ではなく肥料として利用します。

植物性堆肥

バーク堆肥、もみ殻堆肥などがある。窒素が少なめで炭素を多く含む植物質の有機物が主原料で、発酵に時間がかかるため、家畜ふんや米ぬかなど窒素が豊富な有機物を発酵補助剤として適宜加えて堆積し、発酵を促して堆肥化されている。

動物性堆肥

牛ふん堆肥、豚ぷん堆肥などがある。畜ふんは窒素分が多くてそのままでは腐敗しやすいため、ワラ、オガクズ、もみ殻、バークなど炭素が豊富な植物質の有機物を副資材として加えて堆積し、発酵させて堆肥化されている。

いろいろな堆肥や肥料の特徴

● 動物性資材 ● 植物性資材 ● 海洋性資材

高 ↑ 肥料効果 ↓ 低

魚かす
魚の加工残渣や雑魚が材料。窒素分が多く、分解が早いため肥料効果が早く出る。

発酵鶏ふん
窒素、リン酸、カリウムがどれも豊富なため、土づくり効果を狙うよりも、肥料を目的に使用するのがおすすめ。肥料効果は早く出る。

ボカシ肥料
米ぬかを主な材料に、有機資材と水を加えて発酵させ、微生物の体に変換した肥料。効き目の穏やかな好気性発酵のものと、速効性のある嫌気性発酵のものがある。

米ぬか
微生物の増殖に必要な成分を多く含むため、堆肥やボカシ肥料をつくるときに発酵促進剤として使うこともできる。窒素・リン酸・カリウムをバランスよく含む。

豚ぷん堆肥
豚ぷんに植物性の資材を加えて堆肥化したもの。他の畜ふん系の堆肥に比べて、肥料分は比較的高めのため、肥料過多にならないように施す量には十分注意が必要。

干しコンブ
海藻を乾燥させ、ペレット状にしたもの。乳酸菌で発酵させたものなど、さまざまな商品がある。

牛ふん堆肥
牛ふんに植物性資材を加えて堆肥化させたもの。カリウム分がやや多く、肥料効果は穏やかに効く。繊維分も多く含むため、土づくり効果も高い。

馬ふん堆肥
馬ふんにワラなどの植物性の資材を混ぜて堆肥化したもの。馬は牛よりも咀嚼が粗いため、繊維分を多く含み、高い土づくり効果を期待することができる。

手づくり落ち葉堆肥
落ち葉に米ぬかやボカシ肥料を入れて発酵させた堆肥。土づくり効果が高い。

雑草堆肥
刈った雑草を使ってつくる堆肥。肥料効果は穏やかで、ミネラルを豊富に含む。高い土づくり効果も期待できる。

もみ殻堆肥
もみ殻に鶏ふんなどを混ぜて堆肥にしたもの。もみ殻堆肥を使うと、通気性や水はけがよくなり、土壌改良を期待することができる。

バーク堆肥
樹皮を主材料に、鶏ふんなどを入れて発酵させた堆肥。肥料分はあまり含まないが、保肥力を上げることができる。

腐葉土
落ち葉を長期間堆積させてつくった完熟堆肥。米ぬかや油かすを混ぜて発酵させたものもある。肥料分はほとんど含まないが、土づくり効果が高い。

低 ← 土づくり効果 → 高

馬ふん堆肥

牛ふん堆肥よりも窒素分が少なく、動物性堆肥の中ではとくに土づくり効果が高い。牛ふん堆肥よりも高価。副資材にワラやもみ殻が使われたものがおすすめ。

牛ふん堆肥

動物性堆肥の中では、窒素分は少なめで土づくり効果が高い。手に入れやすいもっともポピュラーな堆肥で、安価。アンモニア臭のしない完熟堆肥を利用する。

もみ殻堆肥

もみ殻が土に間隙をつくり、粘土質の畑の水はけを劇的に改善する。砂質の畑で使うと保水性が向上する。もみ殻が手ですり潰せるくらいに完熟したものを選ぶ。

バーク堆肥

樹皮が原料の土づくり効果が持続する植物性堆肥。広葉樹の樹皮を長期間熟成させたものを選びたい。剪定チップが使われている安価なものもあるので注意。

草質堆肥

刈った雑草や野菜の残渣を生のうちに畑の隅に山積みするか、厚手のビニール袋にぎっしり詰めて口を閉じて畑に半年〜１年置いておく。土づくり効果が高い。

腐葉土

広葉樹の葉を発酵熟成した堆肥。炭素分が多く土づくり効果が高い。ミネラルが豊富で、土壌微生物が増殖し生物性が向上する。病気が出がちな畑におすすめ。

3 使用する堆肥の量は土質によって変わる

堆肥を使う量には1年で上限がある

土づくりで重要なのは、毎年コンスタントに堆肥を施して、いい土の状態をキープすることです。

その際、畑の土が1年間で分解できる能力を超えないよう、適量の堆肥を施すことが重要です。1年で施す量は、下の表を目安に。

砂質の畑の場合は有機物の分解スピードが速いので、多めに堆肥を施します。砂質の土は温まりやすく空気を多く含むため、土壌微生物の活動が活発だからです。

反対に、寒冷地の粘土質の畑では有機物の分解スピードが遅いため、堆肥の量は少量で十分になります。粘土質の畑はもともと保肥力が高いので、うっかり多めに施すと養分過多で野菜に病虫害が多発します。なお、2年目からは堆肥の施用量を順次減らしていきます（26ページ参照）。

1年で施用する堆肥の量の目安（kg/㎡）

	砂質	中間的な土質	粘土質
暖地	3	2.5	2
中間地	2.5	2	1.5
寒冷地	2	1.5	1

堆肥の適量は全国一律ではない。土質と気候によって量を加減するのが上手な施し方だ。

砂質の畑

初回には大量の堆肥で土づくり

粘土の少ない砂質の畑では団粒構造の土はできない。初回に1㎡あたり10～15kgの植物質堆肥をすき込んで一気に土づくりをする方法がおすすめ。その後はコンスタントに堆肥を施用し、腐植の量を維持して保水力をよくする。

中間的な畑

堆肥の継続施用で団粒構造を維持

粘土と砂がほどよく混じる土で、団粒構造をつくりやすい土質。コンスタントに堆肥をすき込み、団粒構造を維持して野菜づくりを続けるといい。軽くて耕しやすく、野菜づくりがもっともラクにできる、畑作に向いている土質だ。

粘土質の畑

植物性堆肥中心で気相を増やす

粘土質の畑では水はけの改善を第一に考え、高畝をつくって植物性堆肥で土づくりをして団粒化を進めるといい。1年以上野ざらしにしたもみ殻をすき込むのもおすすめで、物理的に水はけと通気性が向上し、微生物活性が高まる。

4 同じ堆肥を毎年使い続けない

動物質と植物質を交互に使うといい

土壌微生物にもエサ（有機物）の好き嫌いがあります。

毎年同じ堆肥を使い続けていると、その堆肥が含む材料を好む土壌微生物の一群ばかりが増え、そうでない土壌微生物の一群は減ってしまいます。

そこで、動物性堆肥を使ったら翌年は植物性堆肥を使うといったように、毎年違う堆肥を使うことをおすすめします。多種多様な土壌微生物が活動する環境となり、病気を抑える効果が生まれます。養分の偏りもなくなり野菜の生長にも好都合です。

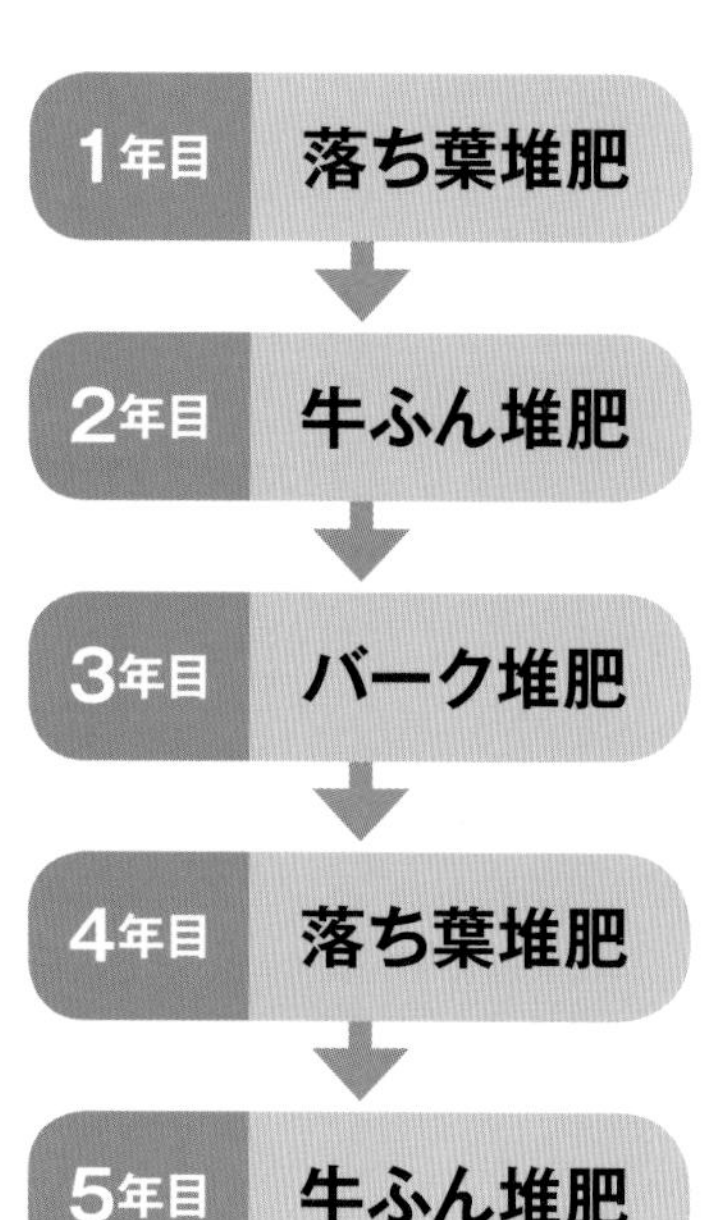

5 土が団粒化したら年々堆肥の量を減らす

有機物は翌年以降に持ち越す「貯金」がある

土壌微生物による有機物の分解は、3段階に分けられます。

最初は分解されやすい糖類やアミノ酸を主に細菌が2～3週間かけて分解します。次いで、セルロースや油脂などを主に放線菌が3週間～3か月かけて分解します。最後に残ったリグニンやタンニンを主に担子菌が3か月～3年かけて分解します。つまり、施した堆肥は1年で消費しきれずに、翌年、翌々年にも持ち越される分があるのです。したがって、毎年同じ量を施していると、知らぬ間に養分過多になってしまいます。

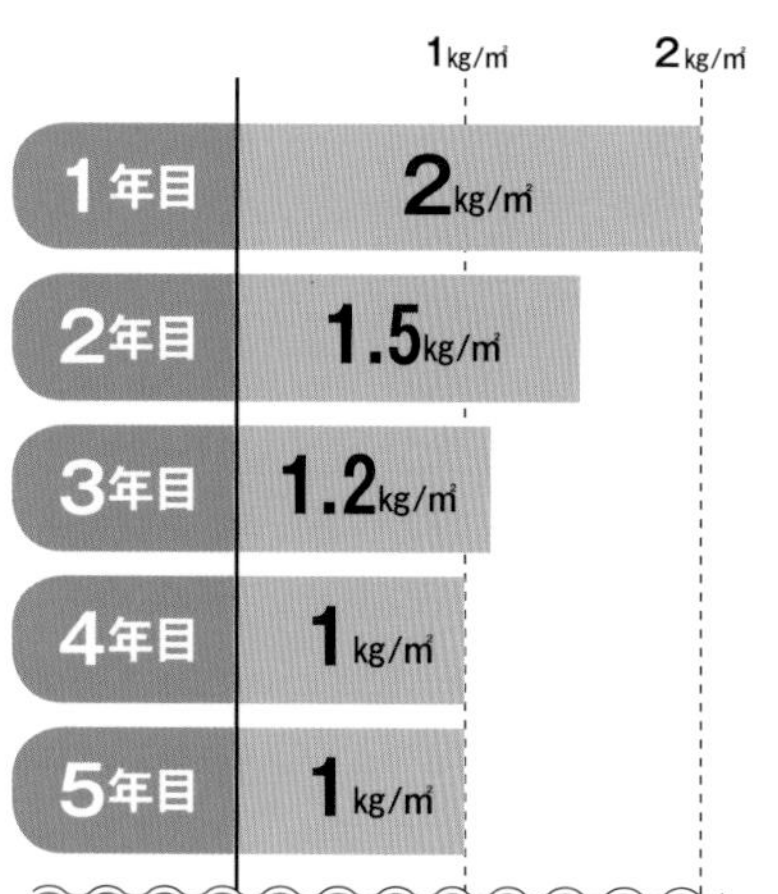

土が団粒化して野菜の育ちがよくなったら、堆肥の量を減らしていかないと肥料過多に陥り、病虫害が出やすくなる。保肥力が高い粘土質の畑では、土づくりを続けていると耕すだけで野菜が育つ肥沃な畑になる。

ステップアップ

動物性、植物性、海洋性の有機質資材を使い回して土壌微生物の活性を高める

堆肥に海洋性資材を混ぜて畑に施す

動物性堆肥と植物性堆肥に加えて、海洋性の有機質資材を堆肥使いのローテーションに加えてみるのもおすすめです。

海洋性資材は、カルシウムやカリウムなどのミネラルや多くの微量要素を畑に補給してくれます。動物性や植物性の資材にはない微量要素を畑に投入することができるため、さらなる土壌微生物の多様化につながります。

海洋性資材には、魚かす（38ページ参照）、かき殻（41ページ参照）、海藻（干しコンブ）などがあります。昔から日本でも海藻が野菜づくりの肥料として使われてきました。伊豆地方では江戸時代までテングサ（トコロテンの原料）が肥料として使われていました。

「魚かすを使うとトマトやイチゴなど甘くしたい野菜がおいしくなる」と、ボカシ肥料（37ページ参照）の材料に魚かすを少し加えている菜園家もいます。魚かすはリン酸が豊富で、アミノ酸も多く含んでいます。

海洋性資材の使い方ですが、普段使っている植物性堆肥に混ぜて畑にすき込むといいでしょう。体積比で堆肥の1〜2割を使うのがおすすめで、たとえば、落ち葉堆肥：8に対して干しコンブ1、かき殻石灰0・5、魚かす0・5といった分量なら、窒素分が多くなりすぎずに安心して使えます。

手に入れやすい海洋性資材

かき殻石灰

カキ殻は、カキの殻を乾燥させたあとに粉砕した資材。カルシウムを多く含む。ほとんどが石灰質のため、酸性土壌を中和して改善してくれる。豊富なミネラル分を多く含むのがほかの石灰資材にない特徴。

干しコンブなど

海藻を乾燥させ、粉末にしたもの。米ぬかと混ぜて発酵させたものもある。海藻に含まれるミネラル分や微量要素が、土壌微生物の活動を活発にしてくれる。

魚かす

魚の加工残渣や雑魚を煮たあとに、圧搾乾燥させたもの。材料の種類や部位によって成分は変わるが、窒素分を多く含み、速効性がある。微量要素を多く含み、野菜の味をよくするともいわれる。

ステップアップ

米ぬかと大量の水を使って土壌の微生物環境を劇的に改善する

米ぬかで還元消毒して土壌病害をストップ

土壌病害の主な原因となる病原微生物には、酸素を大量に必要とするタイプのものが多くいます。

還元消毒は、米ぬかのような分解されやすい有機物、マルチフィルム、大量の水を利用して、土壌を酸素の少ない「還元状態」にすることで、好気性の病原微生物の勢いを弱め、酸素の少ない還元状態でも生きていられる土壌微生物を増やす方法です。

1か月間の消毒で、病原微生物が除去されるだけでなく、生物性が高まり、野菜に病気が起きにくい土壌へレベルアップする効果があります。

1 米ぬかをまく

透明マルチフィルム、米ぬか、水を用意する。畝の上に米ぬかをムラなくまく。米ぬかの量は1㎡あたり200gくらいを目安にする。これ以上になると多肥になる可能性があるため、注意しよう。

2 米ぬかを土に混ぜる

深さ20㎝くらいまで鍬などで耕しながら、米ぬかと土とよく混ぜ合わせる。米ぬかが固まってしまわないように、しっかり混ぜるのがポイント。米ぬかに塊があると腐敗しやすい。

3 水をたっぷりかける

土が田んぼ状態になって、表面に水たまりができるくらい水をしっかりとかける。1㎡あたりに100ℓくらいの分量が目安だが、様子を見て調整をする。乾いた部分がないよう、まんべんなく水をかける。

4 透明マルチフィルムを張る

透明マルチフィルムをぴったり張る。こうすることで空気を遮断し、病害を引き起こしやすい好気性微生物の活性化を防ぐことができる。ドブのような臭いがしてきたら発酵が進んでいる証拠。そのまま1か月置く。

※還元消毒中は悪臭がするので、住宅地の中にある畑での実施は控えた方が無難です。

第2章

野菜がよろこぶ

肥料の選び方と使い方

01

野菜の生長と肥料の役割

1 堆肥だけでは不足する養分を肥料で補う

堆肥中心の土づくりに必要に応じてプラス

第1章で堆肥の利用法を紹介しました。有機栽培では堆肥をメインに土づくりをし、堆肥だけでは不足する養分を有機質肥料で補って野菜をつくります。

代表的な有機質肥料を36ページから紹介します。窒素を補給するなら油かす、リン酸を効かせたいなら骨粉や草木灰……など。目的によって有機質肥料を選び、野菜の育ちを助けます。

また、有機栽培にはなりませんが、有機主体で、速効性のある化学肥料を追肥などに補助的に使うこともできます（51ページ参照）。

堆肥

肥料

元肥

さまざま種類の有機物が、野菜を育てる肥料として利用されている。右から、かき殻、骨粉、発酵油かす。そのほか、発酵鶏ふん、米ぬか、魚かす、おから、草木灰、グアノなど。

2 野菜の〝主食〟は水と空気、肥料は〝おかず〟

野菜が必要な栄養素を堆肥や肥料で補給する

「野菜は肥料で育つ」と思っている人も多いですが、そうではありません。野菜の体を構成しているのは、炭素（C）と水素（H）と酸素（O）で、これらは根から吸う水（H_2O）と葉から取り込む二酸化炭素（CO_2）がもとになっています。これが〝主食〟です。

野菜は光合成によって二酸化炭素と水から炭水化物をつくり出し、生命維持やタンパク質を合成する際などに、下の表の窒素（N）からニッケル（Ni）までの14種のミネラル（栄養素）を利用します。こちらは〝おかず〟です。

微量なおかずとはいえ、不足すると野菜の健全な生長は妨げられます。これらを補給するのが、堆肥と肥料の役割です。

植物が必要とするミネラル

			元素		主な働き
必須元素			炭素	C	植物の体の大部分を構成する。根から吸収する水（H_2O）と葉から取り込む二酸化炭素（CO_2）から光合成により炭水化物がつくられる。
			水素	H	
			酸素	O	
	土の中にある無機栄養素	根から水とともにイオンの形で吸収	窒素	N	茎や葉を大きくする。タンパク質、核酸、葉緑素、酵素などの構成要素。
			リン酸	P	植物の生長、根の伸長、開花結実を促す。核酸や酵素などの構成要素。
			カリウム	K	細胞膜を構成。イネ科の茎葉を丈夫にし、ジャガイモやカボチャのデンプン価を高める。
			カルシウム	Ca	細胞壁をつくり、細胞間を接着する。土をアルカリ性にする。
			マグネシウム	Mg	クロロフィルの成分。酵素の働きに関わる。
			硫黄	S	アミノ酸やビタミン類の構成要素。
			鉄	Fe	呼吸や光合成に関わる物質を構成。酵素の活性化を促す。
			銅	Cu	ポリフェノール酸化酵素、ビタミンC酸化酵素などを構成する。
			亜鉛	Zn	クロロフィルや植物ホルモンの合成に必要。
			マンガン	Mn	酵素の活性化、光合成における水（H_2O）の分解に関わる。
			モリブデン	Mo	硝酸アンモニア還元、窒素固定に関わる。
			塩素	Cl	光合成の促進に関わる。
			ホウ素	B	糖類の植物体内移動に関わる。
			ニッケル	Ni	窒素代謝の生理作用に関わる。
その他			ケイ素	Si	イネ科植物が多量に吸収。表皮の硬化、水分蒸散の抑制、病害虫侵入を阻止。
			アルミニウム	Al	多くの植物に有害だが、茶葉の緑化維持に役立つ。土中でリン酸の溶解を妨げる。

02

有機質肥料と化学肥料

1 3大栄養素のほかに各種要素を含む有機質肥料

有機栽培で利用する有機質肥料

31ページの表中の栄養素のうち、野菜づくりでとくに不足しがちで、堆肥や肥料によって補給が必要となるのは、窒素、リン酸、カリウムの3大栄養素です。

有機栽培で利用する有機質肥料は、この3大栄養素を畑に補給するほかにも、さまざまな微量要素を含んでいるのが特徴です。

有機質肥料は、土壌微生物によって十分に分解されてから、水とともに根から吸収されて野菜に利用されます。有機質肥料を使うには、土壌微生物が豊富な「生きた土」をつくることが前提です。

微生物による分解というワンクッションがあるため、肥料を施してから効き出すまでにある程度の時間がかかること、また、地温が低い時期は微生物活性が低いため肥効が出にくいことも特徴です。

有機質肥料

代表的な有機質肥料「油かす」は、ナタネ油などの搾りかす。窒素（N）5.3%、リン酸2.0%、カリウム4.0%、カルシウム0.9%、マグネシウム0.3%、そのほかにもさまざまな栄養素を含んでいる。土壌微生物のエサにもなり、生物性の向上にもつながる。

- 微生物に分解され各種ミネラルが根から吸収
- 微生物が増えるため土壌環境がよくなる
- 効き出すまでに時間がかかる
- 地温が低い時期には肥効が出にくい

2

3大栄養素を補給する化学肥料

化学肥料

成分バランスがいい「普通化成8-8-8」は、窒素8%、リン酸8%、カリウム8%を含む、元肥にも追肥にも手軽に使える化成肥料。水に溶けるとすぐに根から吸収されるので、効き目が早い。化学肥料は、地温にそれほどは影響されずに肥効が出る。

速効性があり成分がはっきり

化学肥料は、窒素、リン酸、カリウムの3大栄養素を補給する、工業的に合成された肥料です。水に溶けると根から吸え、速効性があるのが特徴です。

ひとつの栄養素を含むものを「単肥」、2つ以上の栄養素を含むものを「化成肥料」と呼びます。

単肥には、窒素を補給する「硫安」「塩安」「尿素」、リン酸を補給する「溶リン」「過リン酸石灰」、カリウムを補給する「硫酸カリ」「塩酸カリ」などがあります。

化成肥料は、単肥を混ぜて化学合成した肥料で、3大栄養素の含有量の合計が15〜30%の「普通化成」と30%以上の「高度化成」に分かれます。また、N-P-Kの含有量の違いにより、水平型（例：8-8-8）、山型（例：5-10-5）、谷型（例：10-5-10）、上り型（5-10-10）、下り型（10-5-5）などがあり、成分がはっきりしています。育てる野菜や、元肥や追肥などの使い道によって選べます。

有機質肥料と違い、一部の土壌微生物のエサにしかなりません。

- 水に溶けると根からすぐに吸収される
- 成分がはっきりしているので使いやすい
- 旬をはずした栽培も可能
- 多くの微生物のエサにはならず土づくり効果はない

3 肥料のタイプと効き方の違い

溶けるとすぐ効く化成　時間がかかる有機

有機質肥料には、米ぬかや油かすなどの「生タイプ」と、一度発酵させてある程度分解が進んだ「発酵タイプ」があります。

生タイプの有機質肥料は、畑に施してから、3～4週間経ってから植えつけをします。施してすぐではアンモニアガス害が出ます。

有機質肥料に含まれるタンパク質やアミノ酸は、分解菌の働きでアンモニア態窒素に姿を変えます。それを根の周りに棲む硝酸化菌が硝酸態窒素に変え、根はようやく養分として吸収できます。リン酸の吸収にも、微生物の介在が必要です。有機質肥料は効き出すまでに時間がかかります。

生タイプの
有機質肥料

植えつけの1か月前に施しておく

生の有機物（米ぬかや油かすなど）は、土に施してから野菜が根から吸える形（無機態）になるまでに3～4週間ほどかかる。そのため、植えつける時期に肥料が効き出すよう、前もって肥料を施しておく必要がある。全量を元肥で施すのが基本で、じわじわと肥効が長続きする。土壌微生物を増やすことができる。

化学肥料

肥効が長続きしないので元肥+追肥で野菜づくり

化学肥料は速効性が持ち味で、肥効は長続きしない（緩効性の化学肥料もある）。そこで、野菜が必要とする肥料分の半量を元肥として使い、半量を数回に分けて追肥に使う。一度に全量を施すと、野菜の根が肥料焼けを起こす。アンモニアガスなどの害を避けるため、施した後1週間、土を落ち着かせてから植えつける。

発酵タイプの有機質肥料は、比較的早めに肥料効果が表れるのが特徴です。1週間おいて、土の微生物活性が落ち着いたところで植えつけをします。

化学肥料は土中の水分で溶けるとすぐに効き出します。水分が少ないと効き出しが遅くなります。雨が降らずに土が乾いていたら適宜水やりをすると成分が溶け出します。ただ、有機栽培では化学肥料は利用しません。

効き出しが早くて長持ちする有機入り化成肥料もある

化成肥料に有機質肥料を加えた肥料もある。化学肥料の効き出しの速さと有機質肥料の持続性、それぞれのメリットが得られる肥料だ。有機栽培にこだわるなら、生タイプや発酵タイプの有機質肥料を利用して野菜を育てる。

発酵済みの有機質肥料

植えつけの1週間前に施しておく

ボカシ肥料（数種類の有機質肥料をブレンドして発酵させた肥料、37ページ参照）、発酵鶏ふん、発酵油かすなど、発酵タイプの有機質肥料は、化学肥料のように効き出しが早いのが特徴。土に施してから1週間で肥効が出る。生タイプの有機質肥料同様、土壌微生物が好んで食べる炭素が豊富で、土壌改善にも役立つ。

Point 有機質肥料は浅く埋めると効き出しが早くなる

有機質肥料は、深い位置に埋めると分解スピードが遅くなり、肥料の効き出しはゆっくりとなる。土壌微生物の活動には酸素と水分と温度が必要で、深い位置には空気が少ないためだ。生タイプも発酵タイプも、酸素が豊富な浅い位置に混ぜ込むと効き出しが早くなる。施し方で肥効をコントロールできる。

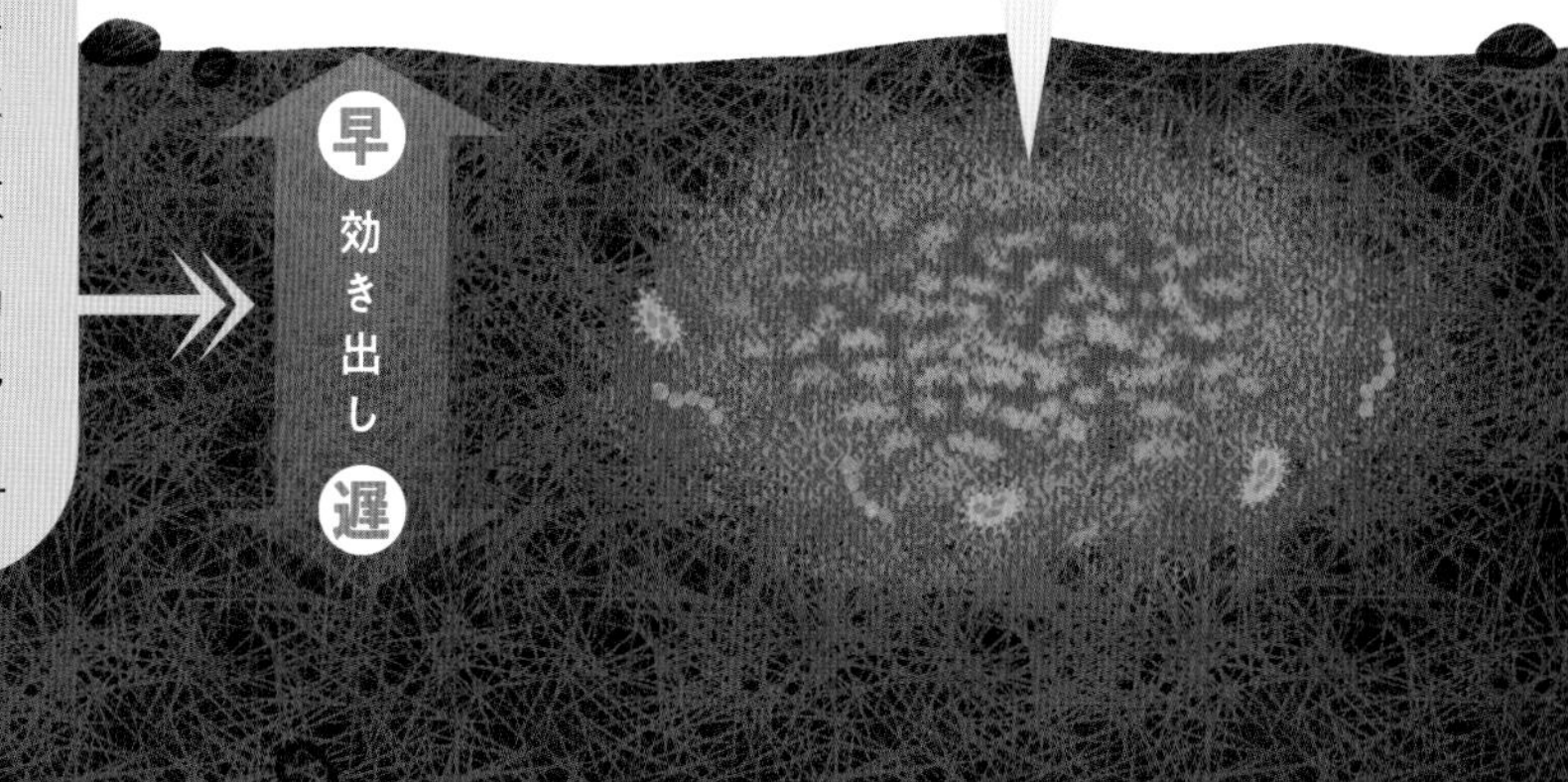

03

有機質肥料の種類と特徴

Point 畑の土質や使う目的に合わせて選ぶ

いろいろな特徴から土に合わせて選ぶ

有機質肥料は、米ぬかや搾りかす、ふんなど、植物や動物から生まれたものを材料にしています。

野菜の栄養になる成分を多く含むほか、土のpHを整えるなどの性質を持ちます。

成分や性質は、肥料の種類によってさまざまです。ここでは、代表的なタイプとして「窒素とリン酸をバランスよく含む」「窒素分が豊富」「リン酸分の補充」「pHを整える」に分けて紹介します。

その他、「病害の予防」に役立つカニ殻・エビ殻などもあります。

畑の土質などを考慮したうえで、使用する目的に合わせて手に入れやすいものを選べばよいでしょう。いずれの有機質肥料も、成分には個体によってばらつきが大きいです。示した数値は目安と考えてください。

窒素分は比較的早く効く

発酵鶏ふん

●元肥にも追肥にも向く。発酵済みなので畑に施してから1週間で植えつけできる。

●窒素分が比較的早く効き、使うと野菜は大きくなる。ただし使いすぎると味が悪くなり、病虫害が出やすいので注意。

●リン酸を多く含むため、リン酸が効きにくい黒ボク土の畑で元肥に利用すると効果的。

●「乾燥鶏ふん」は悪臭がして家庭菜園では使いにくいが、発酵鶏ふんは臭いがマイルド。

●カルシウムのよい補給源になるので、発酵鶏ふんを使うなら、有機石灰の施用は不要。

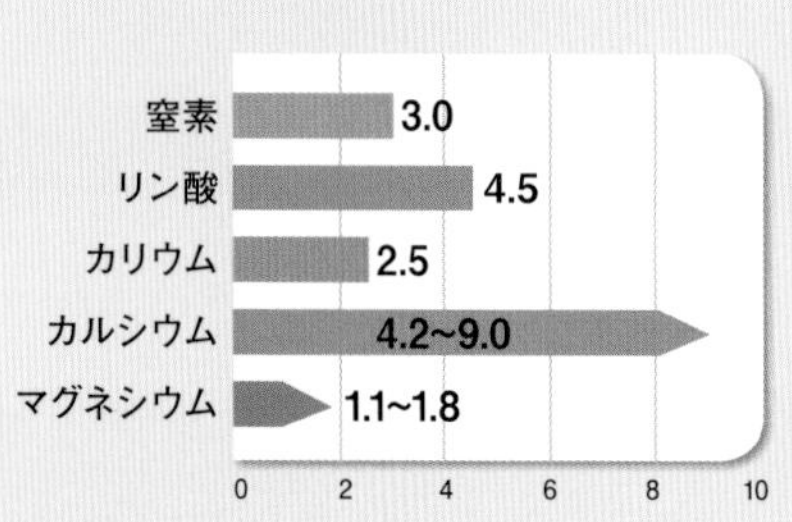

窒素とリン酸をバランスよく含む

ボカシ肥料

●複数の有機質肥料と水をブレンドして発酵させてつくる、微生物が豊富な有機質肥料。

●元肥におすすめ。いったん発酵させてあるので畑に施してから1週間で植えつけできる（生の有機質肥料の場合は3～4週間経ってから）。追肥にも使える。

●生の有機質肥料と比べると効き目はゆっくり穏やか。

●複数の有機質肥料を使うので養分のバランスがよくなり、野菜がおいしく育つ。米ぬかや油かすを中心に、手に入る材料でつくるといい。43ページでボカシ肥料のつくり方を紹介。

家庭で簡単につくれるボカシ肥料。

米ぬか

●堆肥やボカシ肥料の材料として使うのに最適。土壌微生物の増殖に必要な成分がバランスよく含まれていて、発酵が進む。

●米ぬかを元肥として使うときは、土とよく混ぜること。塊があると腐敗するので注意。施してから3～4週間後に植えつけする。

●発酵鶏ふん同様、リン酸を多く含むため、リン酸が効きにくい火山灰土（黒ボク土）の多い東日本で使いやすい。

●土壌の生物活性を上げるのに利用する（28ページ参照）。

●米穀店やコイン精米所でも入手できる安価な有機質肥料。

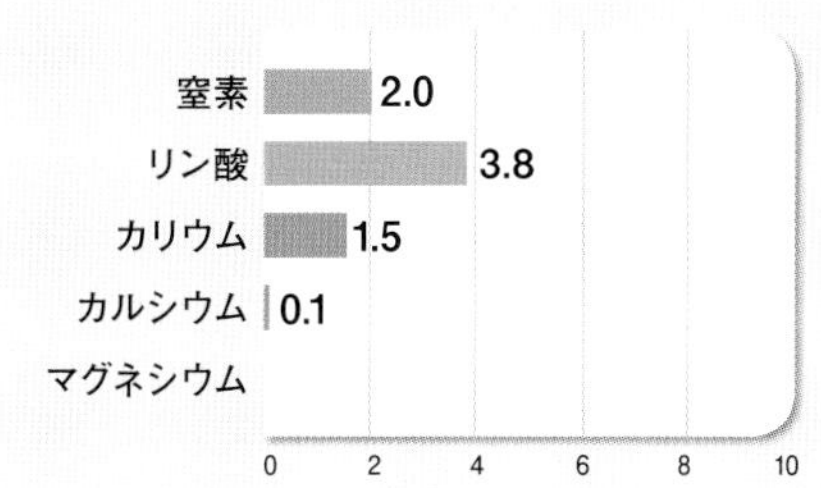

※成分の単位は%。『解説 日本の有機農法』（筑波書房）、『肥料・土つくり資材大事典』（農山漁村文化協会）その他から引用作成。

窒素分が豊富

魚かす

●元肥に向く。畑に施してから３～４週間したら植えつける。

●比較的速効性があるので追肥にも使える。

●窒素とリン酸が豊富な、魚の加工残渣が原料の肥料。米ぬかや油かすと比べると高価。

●魚かすを使うと、トマトやイチゴなどの果菜類がおいしくなる。これは、微生物がタンパク質を分解してできたアミノ酸を野菜が根から吸収できるため。ただし、窒素が豊富なので使いすぎると病害虫が出るので注意。隠し味的に使うのがおすすめ。

●ボカシ肥料の材料に向く。

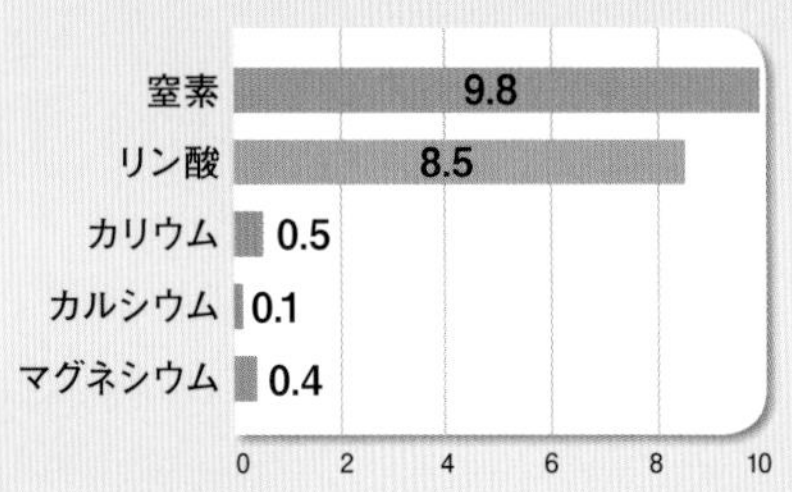

油かす

●窒素分が豊富で、比較的早く効く。畑に施してから３～４週間したら植えつける。地温が高い時期なら追肥としても使える。

●効き目は長続きしない。

●窒素分を欲しがる葉物野菜がよく育つ。リン酸とカリウムが少ないが、リン酸が効きやすい西日本の畑では油かすが好まれて使われる。

●養分のバランスを補いたい場合は、骨粉（リン酸が豊富）や草木灰（カリウムが豊富）を併用して元肥にする。骨粉入りの発酵油かすも市販されている。

●ボカシ肥料の材料にも向く。

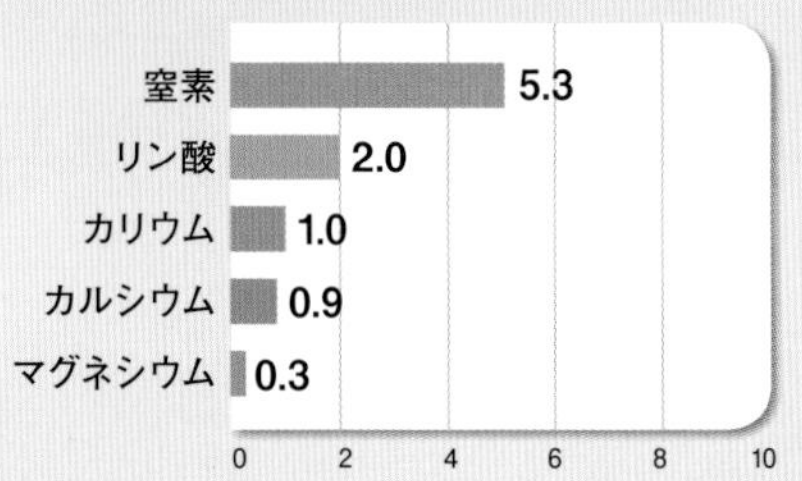

病害の予防

カニ殻・エビ殻

●窒素、リン酸、カルシウムを多く含む、元肥向き。畑に施して3～4週間したら植えつけ。

●ボカシ肥料の材料にも向く。

●土中の病原菌を抑える効果もある。カニ殻・エビ殻には「キチン質」が含まれており、畑に施すとキチン質を分解する放線菌が増える。フザリウム菌（糸状菌の仲間）などの病原菌は細胞壁がキチン質でできているため、放線菌が出すキチナーゼによって溶かされ、増殖が抑えられる。施してすぐに効果が出るものではないが、長い目で見て健康な畑づくりに役立てたい。

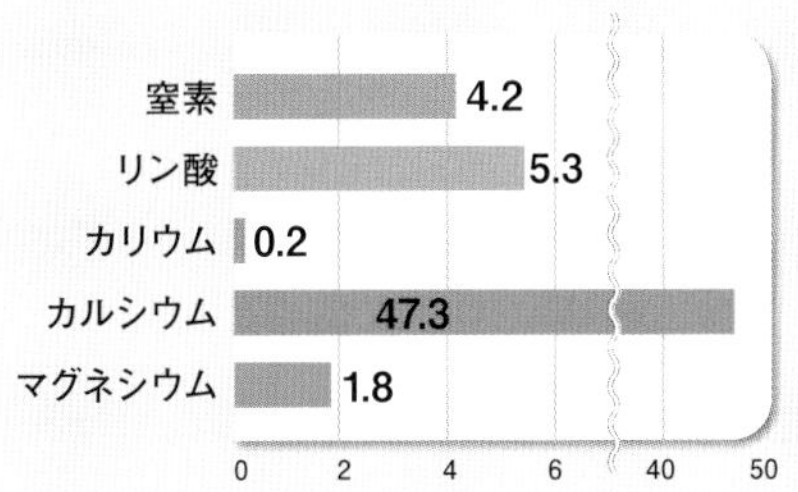

おから

●おからは、豆腐づくりで出るダイズの搾りかす。豆腐店で分けてもらえば、有機質肥料として利用できる。

●タンパク質を多く含む、窒素分に富んだ肥料。ダイズの皮と細胞壁が主体だが、搾り切れずに残った豆乳がすぐに分解する。

●水分が多いため、そのまま置くとすぐに腐敗するので注意。手に入れたら日を置かずに、腐葉土など水分を吸収する乾いた有機物と混ぜ、水分を調整して堆肥づくりに利用するといい。

●ボカシ肥料の材料にもおすすめ。水分調整に気をつける。

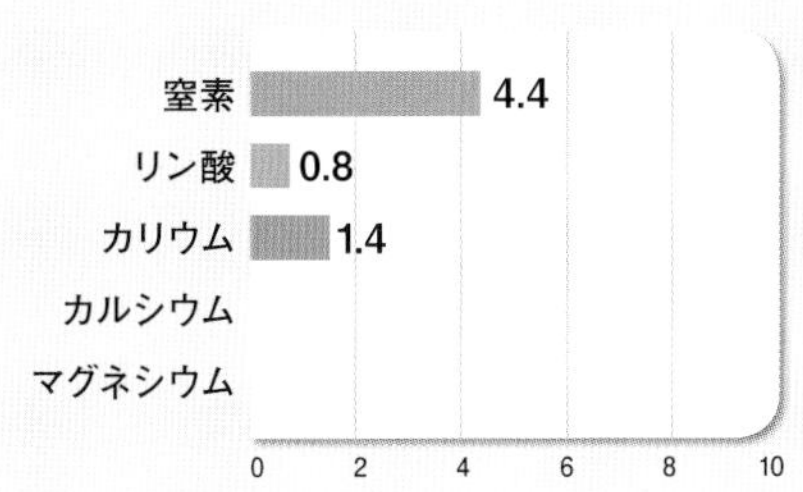

リン酸分の補充

グアノ

●やや効き目が早い、リン酸肥料。元肥に使うと根の張りがよくなり、果菜類がよく実る。窒素、カリウムはほとんど含まないので、油かすと草木灰を併用してバランスをとるといい。畑に施して3～4週間して植えつける。

●追肥にも利用できる。

●ボカシ肥料の材料にも向く。

●グアノは、海鳥やコウモリのふんが長年堆積して化石化したリン酸を多く含む有機質肥料。流通しているのはコウモリのふんが堆積した「バットグアノ」がほとんど。成分は産出地によって異なる。

成分	値
窒素	
リン酸	19.4
カリウム	1.0
カルシウム	
マグネシウム	

骨粉

●リン酸主体の有機質肥料。即効性はなく、2作目、3作目でゆっくり効いてくる。

●骨粉が含むリン酸は、野菜の根や微生物が出す有機酸によって溶かされて根から吸収できる緩効性。畑に施すときは、堆肥と混ぜると効きが早まる。施して3～4週間してから植えつけ。

●リン酸が早めに効く有機質肥料（グアノ、草木灰、発酵鶏ふん、魚かす）を元肥に併用するのがおすすめ。

●骨粉は、堆肥やボカシ肥料の材料にするのもおすすめ。発酵させると早く効くようになる。

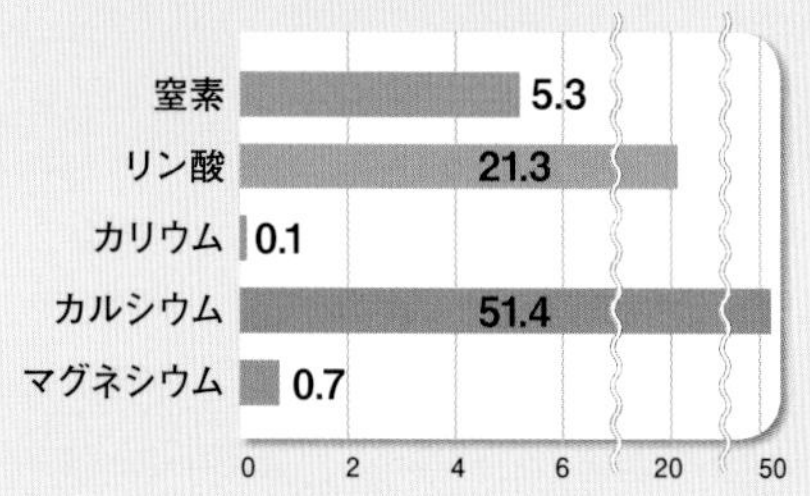

pHを整える

草木灰

●草や木を燃やした灰。石灰分（カルシウム）を含み、土壌の酸度調整に利用できる。堆肥をすき込む際に同時に利用する。

●リン酸、カリウム、種々のミネラルも含まれる肥料で、元肥として使うほか、速効性を活かして追肥にも利用できる。

●堆肥やボカシ肥料の材料に向き、併用すると効果が長続きする。

●枯れ草やワラ、落ち葉を燃やせるなら、手づくりできる。リン酸やマグネシウムは高温で燃えてしまうので、小さな炎でいぶすように燃やすのがコツ。十分に冷めてから保管する。

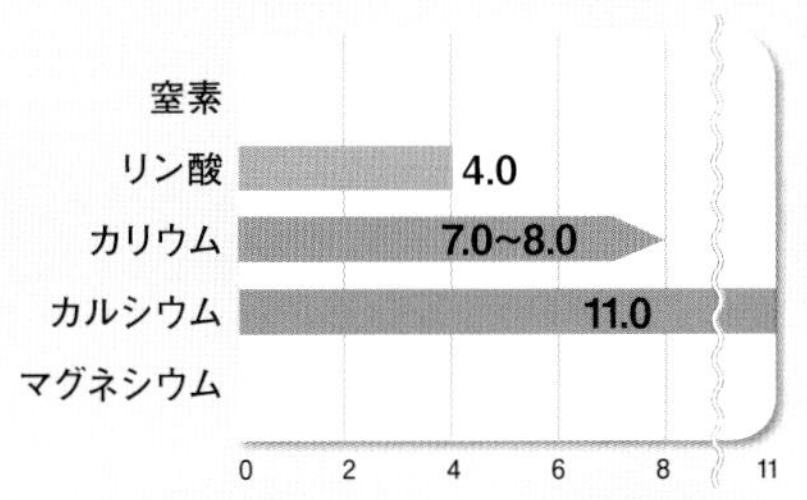

貝化石・かき殻

●カルシウムの補給と同時に、酸性土壌を改善する天然由来の石灰資材（有機石灰）。堆肥をすき込む際に同時に利用する。

●貝化石は古代の海生貝類などが堆積した化石を加熱乾燥粉末化。かき殻は乾燥後に粉砕したカキの殻。成分のほとんどがカルシウムだが、海洋性の微量要素を含み、野菜をおいしくする点は一般的な石灰資材（消石灰や炭酸カルシウムなど）にはない特長。

●効き目はきわめて穏やか。土壌微生物はpHなど環境の急変を嫌うため、土づくりにはこれらの有機石灰がおすすめ。

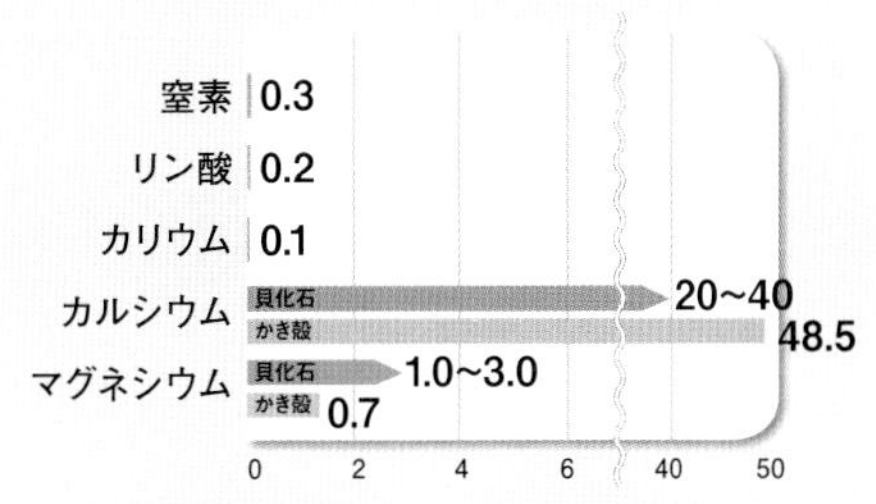

pHを整える

もみ殻くん炭

●もみ殻くん炭は、もみ殻を低温で蒸し焼きにしたもの。

●pH 8～9のアルカリ性で、酸性土壌の調整に利用できる。

●粗い資材なので、土にすき込むと物理的に隙間が増え、通気性と水はけが改善。微細な穴を持つ多孔質であるため、土壌微生物の格好の棲み家となり、生物活性を高めるのにも役立つ。

●畝の表面に敷くと、太陽熱で温まり地温が上昇。春先の野菜づくりに有効だ。

●成分の半分がケイ酸で、野菜の外皮を丈夫にし、病虫害への耐性を高める効果がある。

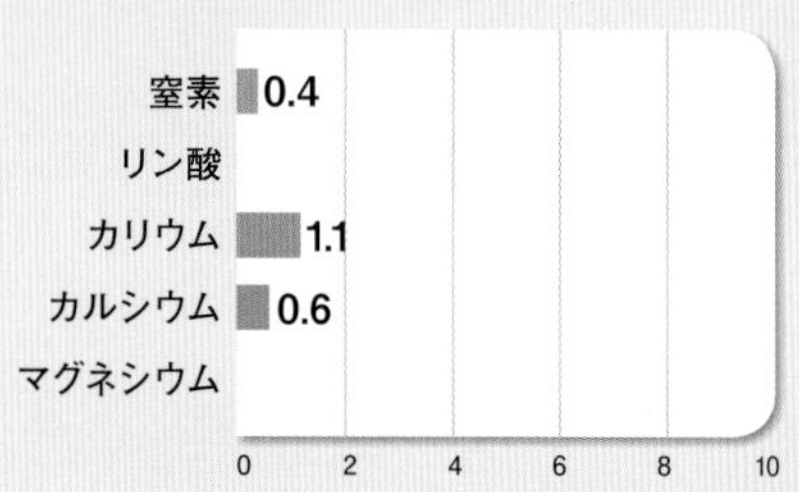

石灰の使いすぎに注意

貝化石やかき殻は、有機石灰とも呼ばれる天然由来の石灰資材です。

有機石灰は、穏やかな効き目で土中の微生物にもやさしいのですが、セメントの材料にもなる石灰質であることに変わりはなく、大量に施したり、長く使い続けたりすれば土をかたくします。1作ごとに、有機石灰をすき込んでいる人もいますが、それでは与えすぎです。土がかたくなるばかりでなく、アルカリ性土壌になり、野菜が養分を吸収しづらくなります。

有機石灰は土づくりの初期に一定量を使い、土壌酸性度が弱酸性～中性に安定したあとは、それほど施す必要はありません。

土をかたくせず、土壌酸性度の安定に役立つのは堆肥です。植物の体にはカルシウムがたくさん含まれているため、植物の茎や葉を材料にした堆肥を利用していれば、カルシウムの補給はそれで十分です。

堆肥を使い続けると、土壌中のカルシウム貯蔵能力が高まるため、土壌酸性度も徐々に上がり、やがて生育に適した範囲に安定します。

ただ、堆肥を用いずに有機質肥料だけを使っている場合や化成肥料を利用している畑では、土壌が酸性化しやすいので石灰資材の施用が必要になります。

オリジナルボカシ肥料を手づくりする

つくってみよう！

ボカシ肥料は複数の有機質肥料をブレンドしてつくります。海のもの、山のものなど４種類以上の材料を利用すると養分バランスのいいボカシ肥料がつくれます。材料に決まりはないので、手に入れやすい肥料を中心に集めてみましょう。赤玉土を入れるのは、養分をキャッチする能力を高めるためです。うまく発酵させるには、全体で約10kgの量が必要です。

おすすめの材料（体積比）

米ぬか……7
油かす……3
魚粉……2
骨粉……2
草木灰……1
赤玉土……1
水……適宜

1 水以外の材料を混ぜる
水を加える前に材料をよく混ぜ合わせておく。

2 水を少しずつ加える
水を何度かに分けて加えながら、全体を混ぜる。

3 水を材料になじませる
両手で材料を揉んで、材料全体に水分をなじませる。

4 水分量をチェックする
材料を強く握ってチェック。団子になって指で軽く押すと崩れる程度がベストの水分量。水が滴るようだと腐敗するので米ぬかなどの乾いた材料を加えて水分量を再調整する。

5 容器に材料を入れる
発泡スチロールの箱や段ボールの箱に材料を入れ、ハエなどの産卵を防ぐために不織布や防虫ネットをかぶせる。寒い時期は温度が上がらず発酵しにくいので、冬以外の季節に行うといい。

6 雨が当たらない場所に置く
雨が当たらない日陰に置く。紫外線に当てると微生物の活動が抑えられてしまう。

7 発酵熱が上がったら切り返し
数日後に発酵熱で温度が40～50度に上がったら全体を混ぜ返す。下がった温度が再び高温になったら混ぜ返す。４～５回繰り返して温度が安定したら完成。夏は２週間、冬は１か月でできあがる。

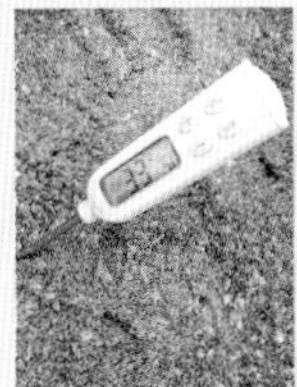

水が多すぎても足りなくても発酵熱は上がらない。材料や水を足して再発酵させるといい。適度な水と酸素で微生物は活動する。

04

肥料の施し方、効かせ方

1 元肥の施し方3パターン

基本の全層施用と経済的な局所施用

野菜の植えつけに備え、元肥を施しましょう。有機栽培では、堆肥と肥料をセットで施します。3通りの施し方を紹介します。

パターン①は、畝全体に元肥を混ぜる方法で、全層施用と呼ばれる基本の施し方です。

全層施用に対してパターン②と③は局所施用で、②が層状施用、③が表層施用と呼ばれます。局所施用には、使用する元肥の量を全層施用の半分くらいに節約できるメリットがあります。

また、施し方によって有機物の分解スピードが変わるため、肥料の効き方をコントロールできます。

パターン❶ 畝全体に施す

全層施用は、元肥を畝の上にまいて、鍬で畝の土全体に混ぜ込む方法です。肥効がじわじわと長続きする元肥の基本の施し方で、あらゆる野菜に利用できます。

有機物を分解する微生物は、有機物が多いほど活性化します。畝全体に施す場合は、有機物が畝の土に分散して薄まるので、微生物の活性は低くなります。そのため有機物はゆっくりと分解され、肥効も穏やかになります。

17ページで紹介した方法。堆肥や有機質肥料を畝の上にまき、鍬でよく混ぜる。

パターン❷ 層状に施す

1溝を掘って埋める溝施用。2苗を植える真下に埋める穴施用も、層状施用と同様の効果がある。いずれの場合も、植える苗の根鉢が元肥に直接触れないよう、元肥と苗の間には土を挟むこと。

層状施用は、畝の約15cmの深さに元肥を層状に埋める方法で、栽培期間が長く根を深く張るナスやスイカなどに向きます。土の深いところは酸素が少ないため、微生物の活性が低く有機物の分解は遅くなり、肥効はゆっくり長続きします。なお、有機物をまとめて施すため、全層施用と比べると分解はやや早めになる傾向があります。また、全層施用の半分程度の量で同等の肥料効果が得られます。

パターン❸ 表層に施す

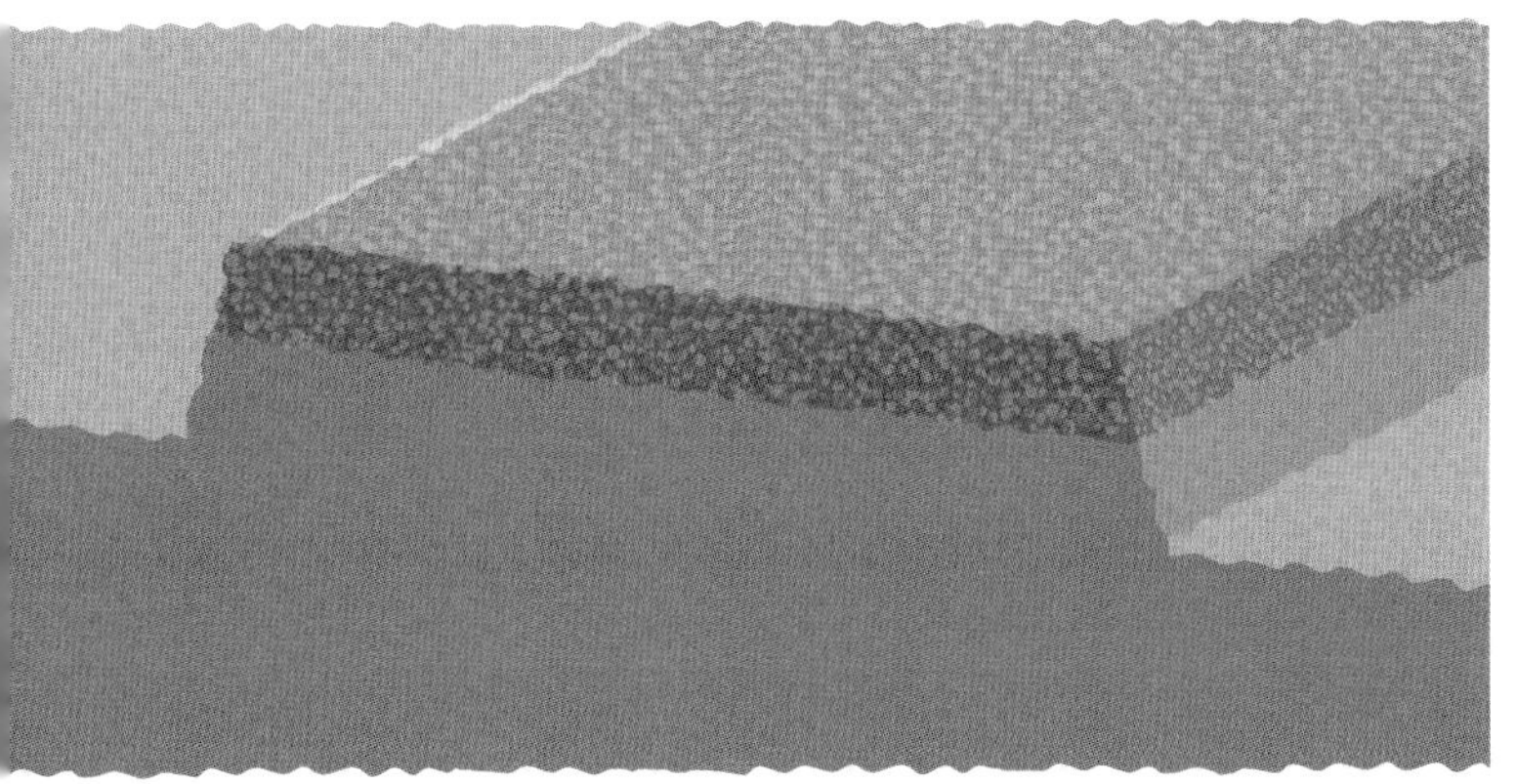

表層施用は、アメリカンレーキを使うとラクに作業ができる。

表層施用は、堆肥や有機質肥料を畝の表面にまき、鍬やレーキなどで表層５～10cmに混ぜる方法で、根を浅く張るキュウリなどに向く施し方です。土の表層部分は空気が豊富なため、微生物が活発に活動します。有機物の分解が早まり、全層施用や層状施用よりも肥効は早めに出ます。一気に育てたいコマツナなどの葉物野菜にも向いています。また、地温の低い時期に肥料を効かせたい場合にも有効な施し方です。

2 追肥は株元から離れた場所に施す

有機質肥料を用いて追肥をするコツ

肥効を長続きさせたい元肥と違い、追肥は野菜が養分を欲しがっているときにタイミングよく与える必要があります。

まず、生の有機質肥料を使う場合は、パターン①のように早めに施しておく必要があります。

ボカシ肥料などの発酵タイプの肥料は効き出しが早いので、パターン②の方法で追肥します。

肥料は土の表面にまとめて置くと分解がもっとも早く進みます。有機物は、分散している状態よりも塊になっている方が、そして空気が多い方が、分解する微生物が活性化するためです。追肥は、条間にスジ状にまく、株周りにリング状にまく、株間に塊で置くといった方法で与えます。土の表面にパラパラとまく方法は、化成肥料で追肥するやり方です。

パターン❶

離れた場所に埋めておく

1苗を植えるのと同時に、畝の両脇に溝を掘って生の有機質肥料を入れる。2土をかけて埋めて溝施用する。野菜が生長して根が伸びてきた頃、溝施用した有機物肥料がちょうど効き出す。

上の溝施用のほか、肥料を団子状にまとめて施しておく方法も有効。離れた場所に肥料を施しても、野菜の根は肥料のある場所を自分で見つけて伸びてくる。

Point

水やりや中耕・土寄せには追肥効果がある

栽培途中で土がかたく締まってきたら、表層を軽く耕して中耕する。土に新鮮な空気が入るため、土壌微生物の活性が上がり肥効が出る。土寄せにも同様の肥料効果がある。また、土が乾いていると野菜は根から養分を吸収できない。野菜に元気がないからといって追肥をするのは間違い。株周りに水を与えれば肥効が速やかに表れる。中耕、土寄せ、水やりも追肥だと覚えておこう。

株間や条間に雑草が生えてきたら、除草を兼ねて中耕する。これで肥効が上がる。

パターン❷

株周りや条間に施す

野菜の根は、葉の先端の下あたりまで伸びている。根が伸びる先に肥料を効かせるつもりで、株周りにリング状に追肥する。速効性のあるボカシ肥料など発酵タイプの肥料を使う。

ワラや刈り草を敷くと肥料の効きがよくなる

1スイカやカボチャはツルの先に追肥。地下では根がツルの先端の下あたりまで伸びてきている。2肥料をまいたら、土を薄くかけるかワラなどで覆って保湿し、微生物による分解を促す。

3 液肥を利用して追肥をする

速効性のある液肥を追肥に利用する

追肥には液体肥料（液肥）を利用するのもおすすめです。各種市販されていて、化学肥料でつくられた「化学液肥」、有機物のみが原料の「有機液肥」、両者を配合した「有機入り液肥」があります。

液肥はすでに水分に肥料成分が溶け出している状態なので、速効性があるのが特徴です。化学液肥も有機液肥も、野菜に与えると数日から1週間で、見た目でわかるほどの効果が表れます。

肥料成分の吸収効率がいいのは化学液肥の方ですが、有機液肥には、窒素、リン酸、カリウムのほかに、アミノ酸、ビタミン類、核酸、各種微量要素など、野菜の生育を助ける有用物質が豊富に含まれています。また、アミノ酸など分解前の有機物は土壌微生物のエサになるので、有機液肥を使い続けると土壌微生物の活性が高まり、土づくり効果も得られます。

写真は、有機液肥「ネイチャーエイド」（サカタのタネ）。100%トウモロコシ由来の液肥。窒素、リン酸、カリウムのほか、アミノ酸。ミネラル、有機酸、ビタミン類をバランスよく含む。500倍に水で薄めて土壌散布や葉面散布する。

10cm以上

株元から10cm以上離した場所に液肥をまく

野菜の株元には吸水根や吸肥根は少ない。また、泥はねによる病気感染を防ぐため、株元から10cm以上離れた場所に散布する。47ページの追肥法同様、葉の先端の少し先を狙って追肥をするイメージだ。マルチフィルムを張ってある場合は、マルチフィルムに切り込みを入れ、そこから液肥を注ぐといい。

ボカシ肥料を水に混ぜて液肥をつくる

有機液肥は家庭で手づくりできます。43ページで紹介した「ボカシ肥料」づくりに成功したら、ボカシ肥料を使って有機液肥をつくってみましょう。
しっかり発酵したボカシ肥料を使用するのが前提ですが、つくり方はいたって簡単です。体積比で、ボカシ肥料1～3に対して水10をペットボトルに入れて2～3日待つだけです。ボカシ肥料に含まれる窒素、リン酸、カリウムのほかに、アミノ酸、糖類、アルコール、ビタミン類、ミネラル、有機酸、酵素、植物ホルモンなどが水の中に溶け出します。上澄み液をこし取って利用します。市販の有機液肥よりも肥効は少しマイルドになりますが、10～100倍に薄めて野菜に与えれば十分に効果が出ます。

手づくりボカシ液肥の上澄み液。仕込んでから2～3日でできる。

1 ペットボトルにボカシ肥料を入れ、水を注ぐ。水が2ℓの場合、ボカシ肥料は200～600mℓ程度。2 キャップをして振って混ぜる。振ったあとはキャップを少し緩めておく。3 キャップを緩めたまま、日の当たらない涼しい場所に2～3日ほど静置する。途中で何度か振ると成分が抽出されやすい。4 ガーゼなどでこしながら、上澄み液を別のペットボトルに移したらできあがり。大量につくらず、必要な分をつくって使い切る。

使うときは上澄み液を水で10～100倍に薄める

05

肥料の効きを高める工夫

1 黒ボク土の畑でリン酸を効かすには

骨粉や発酵鶏ふんと植物性堆肥で土壌改良

東日本に多い黒ボク土は、火山灰の微細な粒子が堆積した土壌です。腐植がねばついて小さな団粒になる性質があり、水はけがよく軽くて耕しやすい、畑作に適した土壌です。

ただし、黒ボク土が含む「アロフェン」という粘土鉱物は肥料分を強く吸着する性質があり、リン酸が土に吸着されて、野菜や土壌微生物がリン酸を利用しにくいという難点があります。土壌改良しないと野菜はうまく育ちません。

土づくりのポイントは、リン酸が効くように、堆肥とともにリン酸を豊富に含む鶏ふんや骨粉を施すことです。堆肥は、落ち葉堆肥やバーク堆肥など、土づくり効果の高いものを利用し、生物活性を高めることを心掛けます。

なお、新規の畑では生物活性が上がりにくいため、初年度に限って過リン酸石灰（過石）の助けを借りる方法もあります。過石は速効性のあるリン酸肥料で、化学肥料ですが、その後は有機資材にシフトしていくという考え方です。

緩効性の骨粉と、速効性のある過石を堆肥とともに施せば、初年度から大きな野菜を収穫することが可能になるでしょう。

サラサラの黒い土で、墨をさわったように手が真っ黒になる土。

過リン酸石灰で土壌改良

過リン酸石灰（過石）は、速効性がある水溶性リン酸肥料。黒ボク土の土壌改良に使う場合、過石が土に触れるとリン酸が吸着されてしまう。そこで、過石が土に触れないよう、過石を堆肥に混ぜて施すのがポイントになる。堆肥は、落ち葉堆肥やバーク堆肥など土づくり効果の高いものを使う。また、黒ボク土は酸性土壌であるため、石灰資材や草木灰などのアルカリ資材を用いた酸度調整が必要。アルカリ資材と過石は相性が悪く同時に施すことができない。そのため、酸度調整の１週間後に過石を施すのも重要なポイント。

2 化学肥料を補助的に利用する

追肥に化学肥料を利用し新規の畑でも収量を確保

新規の畑などで、土壌微生物の活性がまだ低いうちは、堆肥や有機質肥料を施しても肥効が思うように表れず、野菜の生育や収量が期待はずれになることもあります。

初年度から野菜を大きく育てたいなら、化学肥料の力を補助的に借りる方法があります。堆肥と有機質肥料で土づくりをし、追肥に化学肥料を利用するやり方です。野菜によって「谷型」「上り型」などタイプの異なる普通化成を利用するといいのですが、迷ったときは万能タイプの「水平型」の普通化成が便利です。

有機の土づくりを続けて土の団粒化が進んだら、追肥は有機質肥料に切り替えましょう。

追肥に化成肥料を使うと野菜は大きく育つ。与えすぎに注意。

果菜類①

トマトは、花が咲いたらリン酸とカリウムを欲しがり、同時に葉茎が細らない程度の窒素も要求する。様子を見て少量の油かすを追肥して樹勢を保ち、元肥のリン酸、カリウムで収穫を続ける。地力が伴わない新規の畑などでは、「上り型」の普通化成を追肥に使うと大きな実が採れるようになる。イチゴも同様、収穫期にリン酸とカリウムを効かせると品質のいい実が採れるようになる。

果菜類②

ナス、ピーマン、キュウリは実が採れだしてからも枝葉を増やすので、トマトよりも窒素の要求量が高い。追肥には油かすなどを与えて、元肥のリン酸、カリウムを効かせながら収穫を続ける。化学肥料の助けを借りるなら「水平型」の普通化成で追肥するといい。

葉菜類

ハクサイは葉を増やして結球するタイプの野菜。肥料不足では結球しないので、油かすを2回程度追肥して葉を育てる。化学肥料なら、「谷型」の普通化成で追肥するといい。花が咲く前に収穫する野菜なので、リン酸の少ない「谷型」で窒素とカリウムを補給して葉と根の生長を促す。コマツナなど栽培期間が短い野菜は、元肥の窒素で一気に育てるが、有機質肥料が効きにくい冬期栽培では「谷型」の普通化成を追肥すると早く大きくなる。

ネギ類

タマネギ、ニンニクは生育後半に窒素が効くと、芯腐れ、さび病やべと病などが出やすくなる。生育後半にリン酸、カリウムが効くようにすると品質がよくなる。追肥には、有機質肥料なら米ぬかがおすすめ。化学肥料の助けを借りるなら「上り型」の普通化成。

Point

地温を上げて有機質肥料の肥効を高める

地温が低い時期にも有機で野菜づくり

地温が低い時期は、有機物の分解はきわめて緩慢です。土壌微生物の活性が低いためで、野菜の育ちもそれにシンクロして緩慢です。

春先や晩秋に野菜の育ちをよくするには、被覆資材の助けを借りて、少しでも地温が高くなるように工夫します。トンネル、べた掛け、マルチ栽培、草マルチなどが有効です。春先からのニンジンや葉物野菜づくり、夏野菜の定植、晩秋から冬にかけての葉物野菜づくりなどで結果が得られます。

また、畝や通路に草を生やしておくことも地温を上げるのに有効で、裸の土と違い、草が生えている場所は土壌微生物の活動熱によって地温が若干高めになります。

有機栽培の基本は季節に合わせた野菜づくりですが、工夫すれば野菜づくりを周年楽しめます。

トンネル

秋冬や春先の地温が低い時期には、不織布やビニールのトンネルを利用して保温栽培をする。地温が上がり、土壌微生物の活動を助けることができる。肥効をある程度高めることができ、コマツナやホウレンソウを育てられる。厳冬期には、不織布とビニールの重ね掛けトンネルを利用して温めれば、有機栽培でも野菜づくりが可能になる。マルチ栽培なら、なおよく育つ。

べた掛け

タネまきや苗の植えつけ後、畝全体に不織布をふんわりとかぶせておくと、トンネル栽培同様に保温効果が得られ、野菜を育てられる。

マルチ栽培

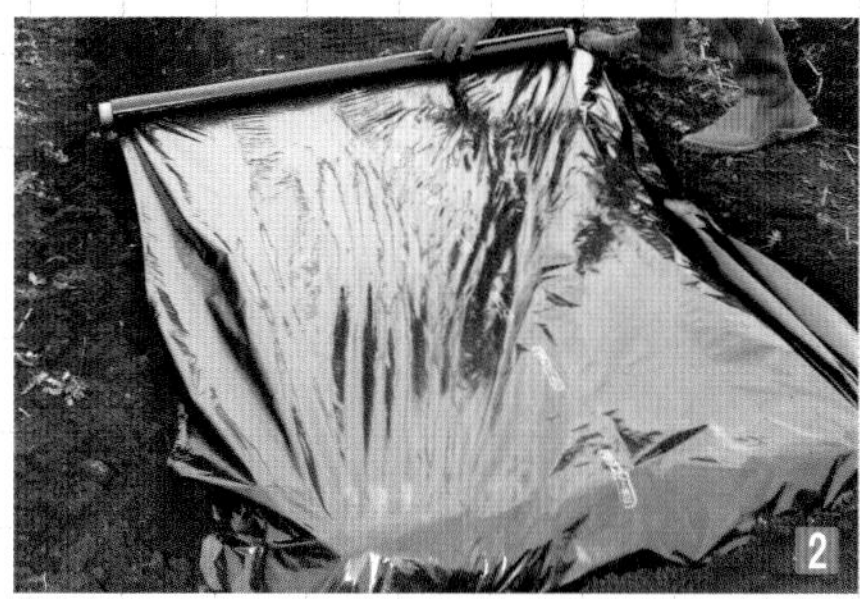

地温が低い時期は、早めにマルチフィルムを張って土を温めておくと、土壌微生物の活性が上がり、苗の活着と初期生育がよくなる。マルチフィルムは畝にぴったり張ると保温効果がより上がる。1マルチフィルムの裾を畝の端に埋める。2畝全体に広げる。3裾を足で引っ張りながら土をかぶせて固定する。

草マルチ

刈った草やワラを野菜の株元の周囲に敷いておく。裸の土よりも温まりやすく湿気もキープされ、土壌微生物が活動して肥効を高めることができる。太陽光が畝の表面に届くよう、草マルチは土が見え隠れする程度に敷いておくこと。草マルチが地面と接しているところで分解が始まり、微生物の活動熱でさらに温まる。

06

野菜別

土づくりと施肥のポイント

野菜の好みに合わせた土づくりをする

野菜は基本的に、水はけがよくて水持ちもいい土壌環境を好みます。ですが、水分を欲しがるキュウリやナス、乾燥気味の畑でおいしくなるトマトなど、野菜の種類によって個性はさまざま。野菜に合わせた土づくりをすると、生育がよくなり、期待通りの収穫を得ることが可能になります。

また、土壌環境だけでなく、肥料にも野菜によって好みが異なります。たとえば、単子葉植物（子葉が1枚の植物）のネギやトウモロコシには、同じ単子葉植物のコメからとった米ぬかとの相性がよく、双子葉植物（子葉が双葉の植物）のトマトやコマツナなどには、同じ双子葉植物のナタネやダイズ由来の油かすを与えると育ちがよくなります。

また、キュウリなどのウリ科野菜は未熟な肥料をとても嫌いますが、その一方で、トウモロコシやネギ類など未熟な肥料を好む野菜もあります。

この項では、家庭菜園で人気の野菜30種について、土づくりと施肥のポイントを紹介します。栽培のヒントにしてください。

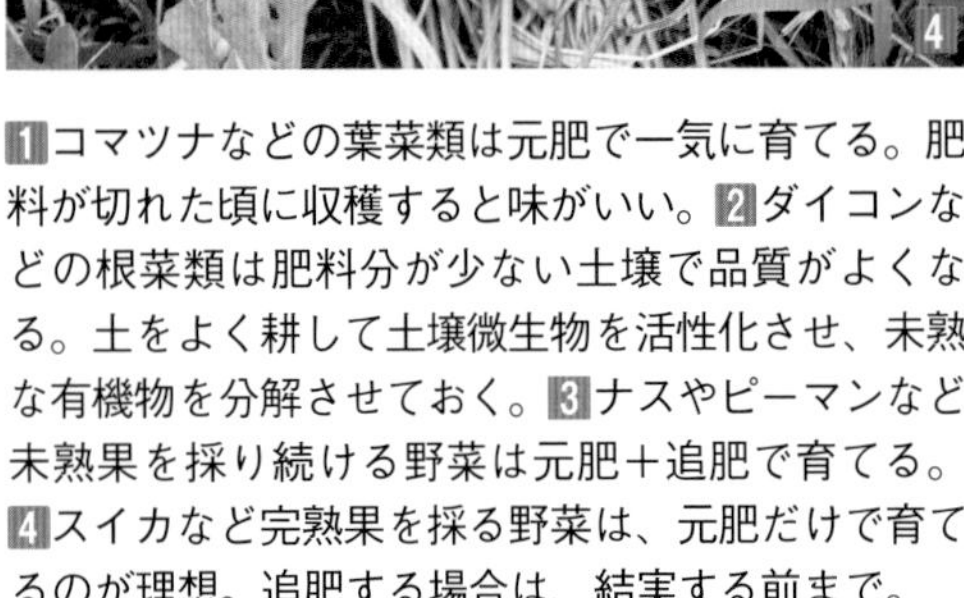

1 コマツナなどの葉菜類は元肥で一気に育てる。肥料が切れた頃に収穫すると味がいい。2 ダイコンなどの根菜類は肥料分が少ない土壌で品質がよくなる。土をよく耕して土壌微生物を活性化させ、未熟な有機物を分解させておく。3 ナスやピーマンなど未熟果を採り続ける野菜は元肥＋追肥で育てる。4 スイカなど完熟果を採る野菜は、元肥だけで育てるのが理想。追肥する場合は、結実する前まで。

1 トマト

水はけのいい畝で肥料は少なめがいい

砂質土壌で育てやすく、中間的な土壌も水はけがよければ問題ない。粘土質土壌では、根の張りが悪く生育不良を起こしやすいため、高畝にし、もみ殻などの粗い資材を畝に混ぜて通気性を改善するといい。

元肥の窒素分は控えめにすること。通路に根が伸びていかないよう、耕すのは畝部分だけにして根域を制限すると、実が水っぽくならず甘くなる。栽培途中で先端付近の茎が細くなってきたら、根の先端を狙って株周りに窒素肥料を追肥して元気を戻す。

施肥の目安

元肥 牛ふん堆肥 **1.5**kg/㎡
かき殻石灰 **200**g/㎡

追肥 油かす
10~15g/株×適宜

畝：高さ10～20cm、幅60cm
植え方：株間50cmで1条
元肥：全層施用　追肥：様子次第
定植：5月の連休すぎ。畝立ては3～4週間前までに済ます

2 ナス

水持ちのいい高畝で深い位置に元肥を施す

養水分を求めて根を深く伸ばす性質があるため、深い位置に多めの元肥を層状施用して高めの畝をつくると育ちがよくなる。元肥をまいて20cm以上深く耕したら、そこに土を盛り20～30cmの高畝をつくろう。

向いているのは中間的な土壌。砂質土壌では繊維質が豊富なバーク堆肥を使用して水持ちと保肥力を改善。粘土質土壌ではもみ殻などで通気性を改善するといい。

実が採れだしたら週1回の追肥。枝葉がどんどん伸びるので窒素分を補給する。

施肥の目安

元肥 牛ふん堆肥 **2~3**kg/㎡
油かす **300**g/㎡

追肥 油かす
10~15g/株×週１回

畝：高さ20～30cm、幅60cm
植え方：株間50cmで1条
元肥：層状施用　追肥：週１回
定植：５月の連休すぎ。畝立ては３～４週間前までに済ます

3 ピーマン

浅く張る根に対応して元肥は広く浅く施す

細い根を浅い場所に広く張る性質があるので、畝を立てたら畝の表層15cmに元肥を広く施しておく。元肥の量はナスの半分程度でも十分。定植後は畝の表面にワラを敷いて浅い根を乾燥から守るといい。

育てやすいのは、水はけのいいカラッとした砂質土壌や中間的な土壌の畑。湿気が多い土壌では生育が悪くなるため、粘土質土壌ではもみ殻を混ぜて通気性をよくし、高畝を用意する。実が採れだすと枝葉が結構茂るので、窒素肥料を追肥する。

施肥の目安

元肥 牛ふん堆肥 **2~3**kg/㎡
油かす **200**g/㎡

追肥 油かす
10~15g/株×隔週

畝：高さ15～20cm、幅60cm
植え方：株間50cmで1条
元肥：表層施用　追肥：２週に１回
定植：５月の連休すぎ。畝立ては３～４週間前までに済ます

4 キュウリ

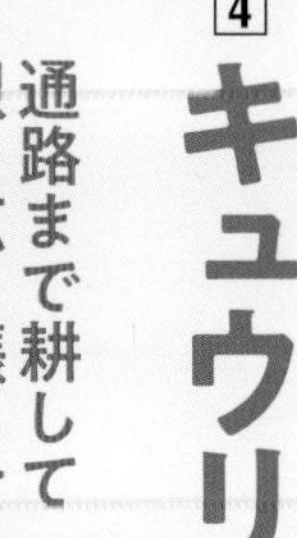

通路まで耕して根を広く張らせる

水持ちと水はけのいい土壌でよく育つ。根を浅く広く伸ばす性質があり、畝づくりも根張りに合わせて元肥を畝の表層15cmにすき込んでおく。根が広く伸びるよう、通路部分も耕しておくといい。畝と通路にはワラを敷いて浅根を乾燥から守ること。

アンモニアを嫌うので未熟な有機物を施さないこと。必ず完熟した植物性堆肥と発酵タイプの有機質肥料を用いる。カリウムやケイ酸が豊富な草木灰を使うと表皮や細胞の外壁が強くなり病害虫を抑えられる。

施肥の目安

元肥
- 腐葉土 **1**kg/㎡
- 発酵油かす **160**g/㎡
- 草木灰 **40**g/㎡

- 発酵油かす **10~20**g/株×週１回

畝：高さ10〜15cm、幅60cm
植え方：株間50cmで１条
元肥：表層施用　追肥：週１回
定植：５月の連休すぎ。畝立ては４週間前までに済ます

5 スイカ

粘土質の畑では鞍つき畝に苗を植える

砂質土壌でよく育つ。定植後にまず直根を長く伸ばし、それから水平方向に根を張る性質があるため、元肥は溝施用が向く。直径50cm、深さ30cmの穴を掘り、元肥を入れて埋め戻したら、粘土質の畑ではその上に直径50cm、高さ15~20cmの山をつくり、頂上に苗を植える（鞍つき畝）。水はけがいい土壌なら山を盛る必要はない。

ツルの伸びが悪いときは、ツルが伸びる20~30cm先に追肥し、その上にワラをかぶせておく。着果したら追肥はしないこと。

施肥の目安

元肥
- 腐葉土 **500**g/株
- 油かす **70**g/株
- 草木灰 **30**g/株

- 発酵油かす **100~200**g/株×適宜

畝：高さ15〜20cmの鞍つき畝
植え方：株間90cmで１条
元肥：層状施用　追肥：様子次第
定植：５月の連休すぎ。畝立ては４週間前までに済ます

6 カボチャ

粘土質の畑では通気性を改善しておく

砂質土壌でよく育つ。粘土質の畑ではもみ殻か細かく刻んだワラをまき、粗く耕して通気性を改善しておくといい。養分が多い畑ではツルボケするので、少肥が基本。

ツルが伸びるスペースを畝の隣に2m以上用意しておく（これはスイカも同様）。

浅い部分に根を張るので、完熟牛ふん堆肥と草木灰を通路部分にまで散布し、深さ15~18cmまでをよく耕してから、高さ10cmの畝をつくる。ツルの伸びが悪ければツルの先20~30cmに追肥してワラをかぶせる。

施肥の目安

- 牛ふん堆肥 **2**kg/㎡
- 草木灰 **300**g/㎡

- 発酵油かす **15~50**g/株×適宜

畝：高さ15〜20cmの鞍つき
植え方：株間60cmで１条
元肥：層状施用　追肥：様子次第
定植：５月の連休すぎ。畝立ては４週間前までに済ます

7 オクラ

深耕と密植栽培でコンスタントに収穫する

オクラは砂漠周辺が原産地で、水はけのいい土壌でよく育つ。根を深く伸ばす性質があるため20cm以上深く耕して耕盤層があったら壊しておくといい。粘土質の畑では高さ15cm程度の畝を用意し、水はけのいい土壌では畝は低めで構わない。

多粒まきすると根が協力して深く伸びるようになる。間引かずに多本仕立てにし、各株に土の養分を分散させ、あえて樹勢を弱めるのがやわらかい実を収穫するコツ。実が採れだしたら株元付近に追肥する。

施肥の目安

牛ふん堆肥 **2~3**kg/㎡
油かす **300**g/㎡

油かす
20g/株×週１回

畝：高さ10～15㎝、幅45㎝
まき方：株間60㎝で１条、１か所に４粒の多粒まき
元肥：全層施用　追肥：週１回
タネまき：５月下旬～６月上旬。畝立ては４週間前までに済ます

8 トウモロコシ

牛ふん堆肥を施して初期生育をよくする

砂質土壌や石ころが多めの畑を好む。水はけが悪い粘土質土壌では根腐れを起こすので、高畝にして水はけを改善する。

初期生育をよくするため、定植4週間前までに、牛ふん堆肥と有機質肥料（米ぬかと草木灰）を畝全体にまいて、15～20cmの深さまでよく耕してすき込んでおく。

トウモロコシは吸肥力が強い。本葉4～5枚で1本立ちさせたら米ぬかを株元の片側にまいて土をかぶせ、1週間後に株元の反対側に米ぬかをまいて土をかぶせる。

施肥の目安

元肥
牛ふん堆肥 **2**kg/㎡
米ぬか **140**g/㎡
草木灰 **60**g/株

追肥
米ぬか
10g/株×２回

畝：高さ10㎝、幅80㎝
まき方：株間30㎝、条間50㎝で２条。１か所に２～３粒の点まき
元肥：全層施用　追肥：初期２回
タネまき：５月の連休前後～６月。

9 エダマメ

根粒菌の力を借りるため元肥や追肥は不要

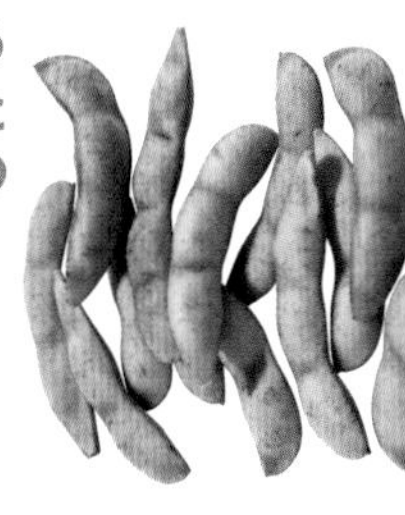

痩せ地でも育つエダマメだが、水はけと水持ちがいい畝を用意するとおいしいエダマメを収穫できる。根に共生する根粒菌が空気中の窒素ガスを固定して養分をエダマメに供給するため、元肥は不要。耕すだけでいい。砂質の畑では腐葉土などの植物性の堆肥を利用し、水持ちを改善しておく。

新規の畑では、光合成を十分に行えるよう、骨粉かグアノを1株にひとつまみ程度施してリン酸を補給しておく。根粒菌に糖分を提供できるだけの体力づくりが狙いだ。

施肥の目安

不要

不要

畝：高さ10㎝、幅45㎝
まき方：株間30㎝で１か所に３粒の点まき。２条植えする場合は畝幅を80㎝にし、株間30㎝、条間40㎝でちどりに点まき
元肥：基本的に不要　追肥：不要
タネまき：５月の連休前後。畝立てはその１週間前に済ませておく

10 インゲン

草木灰でポンプ力アップ 収穫が始まったら追肥

エダマメ同様に痩せた土地でよく育つ野菜。基本的に元肥は不要で、畝を耕すだけで十分。ただし、インゲンはツルが長く伸び、収穫が長く続くので、新規の畑では油かすと草木灰を薄くまいてすき込んでおくといい。草木灰が含むカリウムは、長いツルに水を押し上げるポンプ力を高める。

収穫が始まったら1～2週に1度、少量の油かすを薄く株元にまいて窒素分を補給する。サヤがよく太って収穫が長く続く。ただ、与えすぎは害虫を呼ぶので注意。

施肥の目安

元肥　不要

追肥　油かす **50**g/株×適宜

畝：高さ10cm、幅80cm
まき方：株間60cm、条間40cmで2条。1か所に2粒ずつ点まき。
元肥：基本的に不要　**追肥**：適宜
定植：5月の連休前後～7月。畝立ては1週間前に済ませておく

11 サツマイモ

肥料も堆肥も与えない

メキシコあたりの乾燥地帯が原産地で、低栄養の砂質土壌でよく育つ。

サツマイモの組織内には、窒素固定菌が共生していて（とくに葉に多い）、自ら養分をつくり出すので、元肥も追肥も不要。肥料（窒素分）を施すとツルボケする。無肥料の方が、イモがよく肥大する。

粘土質の畑では、高畝にして水はけをよくして苗を植える。肥沃な土の場合は、前作でムギやトウモロコシを育て、養分を減らしておくとよい。

施肥の目安

元肥　不要

追肥　不要

畝：高さ10～30cm、幅60cm
植え方：株間30cmで1条植え。
元肥：基本的に不要
追肥：不要。肥料っ気が残る畑では、収穫1か月前のツル返しで不定根を切って肥料の効きを抑える
定植：5月の連休前後～7月。畝立ては1週間前に済ませておく

12 サトイモ

ほぼ無肥料で育て始め 土寄せの際に米ぬか

高温多湿を好み、乾燥や寒さに弱い野菜で、粘土質土壌でよく育つ。乾きやすい砂質土壌ではいいイモは育ちにくい。

粘土質の畑では高めの畝に種イモを植え、砂質や中間的な土壌では溝を掘って底に植えると、好適な水分環境になる。

砂質の畑では堆肥を施して水持ちをよくし、畝にワラなどを敷いて保湿に努める。

種イモが養分を蓄えているため元肥は不要だが、芽出し促進のために植え溝に米ぬかを少量施しておくといい。

施肥の目安

元肥　米ぬか **10**g/株

追肥　米ぬか **20~30**g/株×2回

畝：高さ0～20cm、幅60cm
植え方：株間30cmで1条植え。
元肥：植え穴の底に混ぜる
追肥：米ぬかをまいて土寄せ
定植：5月の連休前後。畝立ては1週間前に済ませておく

13 ジャガイモ

元肥なしで育てると高品質のイモが採れる

南米アンデスが原産地で、乾燥した冷涼な気候を好む。砂質土壌や水はけのいい中間的な土壌で育てやすい。関東以西では春と秋に栽培できる。

低栄養な土壌では高品質のイモが採れる。したがって元肥は不要。粘土質の畑では高畝をつくり、水はけを改善しておく。

土寄せをする際に少量の油かすを追肥する。草丈15～20㎝で1回、その2週間後に1回の計2回。粘土質土壌では、肥料分を十分に含むので追肥の必要はない。

施肥の目安

元肥　不要

追肥　油かす
10g/株×2回

畝：高さ0～20㎝、幅60㎝
植え方：株間30㎝で1条植え。
元肥：不要。深さ18㎝までをよく耕しておく
追肥：油かすをまいて土寄せ
定植：3月、8月に種イモを植える。1週間前に畝をつくっておく

14 ハクサイ

多めの肥料を施して大きな外葉を育てる

中国北部が原産地の、冷涼な気候を好む野菜。9月上旬に苗を植え、冬に向かって育てる。植えつけの3～4週間前に、多めの肥料をまいて18㎝の深さまでよく耕して、肥沃な土をつくっておく。砂質の畑では肥料分が流れやすいので、株間を完熟堆肥でマルチングし、ワラを敷いておくといい。粘土質の畑では株間にエンバクをまくか雑草を生やして畝の過湿を防ぐ。

本葉10枚のときと、その3週間後の計2回追肥をし、その都度土寄せをする。

施肥の目安

元肥　牛ふん堆肥 **3**kg/㎡
油かす **300**g/㎡

追肥　油かす
10g/株×2回

畝：高さ10㎝、幅60㎝
植え方：株間50㎝で1条植え
元肥：全層施用
追肥：土寄せとセットで2回
定植：9月上旬。畝立ては3～4週間前に済ませておく

15 コマツナ

元肥をすき込んだら表層5㎝を細かく耕す

タネまき適期は3月～4月、9月～10月。暑さにも強いので一年中つくることも可能。畝を立てる場所に元肥をまき、深さ18㎝までをやや粗く耕してすき込む。表層5㎝を細かく耕してならし、2週間置いてからタネをまくと発芽がよくそろう。

1～2㎝間隔でスジまきし、本葉1～2枚で1回目、草丈7～8㎝で2回目の間引きをして最終株間を10㎝程度にする。間引きをしたら、発酵油かすを条間にまいて土を軽く動かしてなじませておく。

施肥の目安

元肥　牛ふん堆肥 **2**kg/㎡
油かす **100**g/㎡
かき殻石灰 **100**g/㎡

追肥　発酵油かす
30g/㎡×2回

畝：高さ10㎝、幅60㎝
まき方：条間15㎝でスジまき
元肥：全層施用　追肥：2回
タネまき：春と秋。畝立ては2週間前までに済ませておく

16 キャベツ

初期の追肥で外葉を大きく育てて結球

低栄養の土壌を好み、有機栽培を続けている畑なら元肥なしで育てられるが、新規の畑や化学肥料を使っていた痩せた畑の場合は、元肥を施し、2週間後に苗を植えると初期生育がよくなる。畝をつくる場所に元肥をまいて18cmの深さまでやや粗く耕し、高さ5cmの畝をつくる。密植気味に植えた方が、生育がよくなるので株間は30cmを目安とする。

追肥は、本葉8～10枚で1回、さらに本葉が2～3枚増えたら1回追肥する。

施肥の目安

元肥　牛ふん堆肥 **2**kg/㎡
油かす **200**g/㎡

追肥　油かす
10g/株×２回

畝：高さ５cm、幅45cm
植え方：株間30cmで１条植え
元肥：全層施用　**追肥**：２回
定植：３月～４月、９月～10月。畝立ては２週間前に済ませておく

17 ブロッコリー

大きな株に育てて側花蕾をたっぷり収穫

低栄養の土壌を好む野菜なので、肥沃な畑の場合は耕すだけでいい。

ただし、キャベツ同様に痩せた畑の場合は、元肥を施して2週間後に苗を植える。畝をつくる場所に元肥をまいて18cmの深さまでやや粗く耕し、粘土質なら高さ10cmの畝をつくる。水はけがいい土壌なら畝の高さはゼロでいい。株間は40cm程度が一般的だが、密植気味に植えた方がよく育つので株間30cmにする。追肥は、2～3週間おきに与え、そのたびに株元に土を寄せておく。

施肥の目安

元肥　牛ふん堆肥 **2**kg/㎡
油かす **200**g/㎡

追肥　油かす
10g/株×３回

畝：高さ０～10cm、幅45cm
植え方：株間30cmで１条植え
元肥：全層施用　**追肥**：２回
定植：３月～４月、９月～10月。畝立ては２週間前に済ませておく

18 ミズナ

水持ちのいい畑を用意する

ミズナは水を好み、養分はあまり必要としない野菜。水持ちのいい粘土質土壌でよく育つ。土づくりには元肥は不要で、深さ18cm程度までをよく耕しておけばいい。株間40cmで1か所に3～4粒のタネを点まきし、間引いて1か所1本立ちにする。

砂質土壌の乾きやすい畑では、堆肥を用いて水持ちをよくしておくこと。

ミズナには追肥も不要。ただし、新規の痩せた畑では、1㎡あたり100gの発酵済の有機質肥料をすき込んでおく。

施肥の目安

元肥　不要

追肥　不要

畝：高さ０～10cm、幅45cm
まき方：株間40cmで１か所３～４粒の点まき。１列にまく
元肥：不要　**追肥**：不要
タネまき：３月～４月、９月～10月。畝立ては１週間前までに済ませておく

19 ホウレンソウ

元肥をすき込んだら表層5cmを細かく耕す

タネまき適期は3月〜4月、9月〜10月。暑さにも強い品種を選べば、一年中つくることが可能。冬の寒さにあてたホウレンソウは糖度が高くなり特別においしい。

畝を立てる場所に元肥をまき、深さ18cmまでをやや粗く耕してすき込んで畝をつくり、表層5cmを細かく耕しておく。2週間後にタネをまくと、発芽がよくそろう。

タネのまき方と間引き、最終株間はコマツナと同様10cm程度にする。間引きをしたら、油かすを条間に施しておく。

施肥の目安

牛ふん堆肥 **2**kg/㎡
油かす **200**g/㎡

油かす
30g/㎡×1回

畝：高さ10cm、幅60cm
まき方：条間15cmでスジまき
元肥：全層施用　追肥：1回
タネまき：春と秋。畝立ては2週間前までに済ませておく

20 レタス

生育が悪いようなら油かすを株間に追肥

冷涼で乾燥した痩せ地が原産地のため、高温と雨を嫌う。

夏と真冬をのぞき周年育てられる。4月と9月に苗を植えるといい。

低栄養の土壌でもよく育つが、養水分が足りないと苦味が強くなるため、元肥を施して畝を用意する。植えつけの3〜4週間前に、元肥をまいて深さ18〜20cmまでを耕しておく。畝の高さは水はけに応じて。

生育が悪いようなら、定植3週間後と、葉が巻き始める頃に株間に追肥する。

施肥の目安

牛ふん堆肥 **2**kg/㎡
油かす **200**g/㎡

油かす
30g/㎡×2回

畝：高さ0〜10cm、幅45cm
植え方：株間30cmで1条植え
元肥：全層施用　追肥：2回
定植：4月、9月。畝立ては3〜4週間前に済ませておく

21 ゴボウ

タネをまく前に深く耕しておく

原産地はレタスと同じ、地中海沿岸から西アジアにかけての乾燥した冷涼な地域で、日本では春と秋にタネをまける。

ゴボウをはじめダイコン、ニンジンなどの根菜類は、低栄養の土地でおいしく育つ。土づくりのポイントは、土をよく耕して土中の未熟な有機物を分解させておくこと。

ゴボウ畝の耕し方、タネのまき方は94ページを参考に。10cm間隔に3粒ずつ点まきし、最後の間引きで1本立ちさせたら、株周りに発酵油かすを追肥する。

施肥の目安

不要

発酵油かす
5g/株×1回

畝：高さ0cm、幅45cm
まき方：株間10cmで1か所3粒の点まき（覆土なしの溝底まき）
元肥：不要　追肥：1回
タネまき：3月、9月。畝づくりは1週間前に済ませておく

22 ダイコン

元肥なしで耕すだけで甘いダイコンが育つ

砂質土壌では、特別何もしなくてもよく育つ。粘土質土壌では根を伸ばしにくいため、18～20㎝の深さまで耕して、15㎝以上の高畝をつくって作土層を厚くする。

ダイコンは低栄養の土壌を好み、肌が白くておいしいものに育つので、元肥は施さないのがポイント。

株間20㎝で1か所に3～4粒のタネを点まきし、数回に分けて間引いて1本立ちさせる。最後の間引き後に、一度だけ株周りに少量の油かすをまいて追肥する。

施肥の目安

元肥　不要

追肥　油かす
10g/株×1回

畝：高さ0～15cm以上、幅45cm
まき方：株間20cmで1か所3粒の点まきにする
元肥：不要　追肥：1回
タネまき：4月、9月。畝づくりは1週間前に済ませておく

23 カブ

たっぷり養分を吸える肥沃な畝を用意する

真夏と真冬をのぞけば周年栽培ができる初心者向きの野菜。生育期間が短いので土づくりが大切。カブが養分を吸えるように、タネまきの3～4週間前に畝を立てる場所に元肥をまいて、18㎝の深さまで細かく耕してすき込み、高さ10㎝の畝をつくる。

タネを1～2㎝間隔でスジまきし、間引きは本葉1枚、本葉3枚、実が直径2㎝の頃の3回に分けて行い、最終株間の10㎝にする。追肥は2回目と3回目の間引きの際に、条間に油かすをまき、中耕する。

施肥の目安

元肥　草質堆肥 **1.5**kg/㎡
発酵油かす **200**g/㎡

追肥　発酵油かす
30g/㎡×2回

畝：高さ10cm、幅45cm
まき方：条間10cmで1～2cm間隔でスジまき。最終株間は10cm
元肥：全層施用　追肥：2回
タネまき：4月、9月。畝づくりは3～4週間前に済ませておく

24 ニンジン

元肥なしでよく耕してタネをまいたら鎮圧

低栄養の土壌でおいしく育つ。発芽がそろうよう、砂質土壌や中間的な土壌では、降雨の1～2日後にタネをまいて鎮圧をする。粘土質土壌では、畝を15㎝程度の高畝にし、土がやや乾燥しているときにタネをまく。鎮圧は軽めか、あるいは土をかけるだけで鎮圧をせずに不織布のべた掛けで保湿して発芽を待つ。

タネを1～2㎝間隔でスジまきし、3回に分けて間引いて最終株間の12㎝にする。最後の間引き時に条間に追肥する。

施肥の目安

元肥　不要

追肥　発酵油かす
30g/㎡×1回

畝：高さ10cm、幅45cm
まき方：条間10cmで1～2cm間隔でスジまき。最終株間は12cm
元肥：不要　追肥：1回
タネまき：3月下旬、8月上旬。畝づくりは1週間前に済ませる

25 タマネギ

深くまで耕せば冬の間に根が発達

畝を立てる場所に元肥をまき、深さ20cm以上を粗く耕して高さ10cmの畝を立てたら、表層10cmを細かく耕しておく。ネギの仲間はアンモニアを好むので、元肥を施したら1週間後に苗を植えつけていい。

11月に、条間15cm、株間10cmで苗を植える。通気性のいい砂質や中間的な土壌を好む。粘土質土壌では、もみ殻や刻んだワラをすき込み通気性をよくしておく。

追肥は12月中旬と2月下旬。冬の晴れた日には水やりをして根の発達を促す。

施肥の目安

元肥
牛ふん堆肥 **2**kg/㎡
米ぬか **140**g/㎡
骨粉 **60**g/㎡

追肥
米ぬか
30g/㎡×２回

畝：高さ10cm、幅60cm
植え方：条間15cmで10cm間隔で苗を植える
元肥：全層施用　**追肥**：２回
定植：11月。1週間前に畝づくり

26 ニンニク

元肥をしっかり施し肥沃な土壌をつくる

砂質土壌でよく育つ。肥沃な土地を好みアンモニアをよく吸収するので、元肥をしっかり施し1週間後に定植する。タマネギ同様、畝を立てる場所に元肥をまき、深さ20cm以上を粗く耕して高さ10cm程度の畝を立てたら、表層10cmを細かく耕す。

植えつけは9月下旬、鱗片をひとつずつ条間30cm、株間15cmで、覆土が3～5cmになるように埋める。12月中旬と2月中旬に追肥と土寄せ。冬の間、雨がなければ晴れた暖かい日に水やりをする。

施肥の目安

元肥
牛ふん堆肥 **2**kg/㎡
米ぬか **140**g/㎡
骨粉 **60**g/㎡

追肥
米ぬか
30g/㎡×２回

畝：高さ10cm、幅60cm
植え方：条間30cm、株間15cmで鱗片を植える
元肥：全層施用　**追肥**：２回
定植：９月。１週間前に畝づくり

27 ネギ

溝を掘って苗を植え追肥しながら土寄せ

ネギの根は酸素の要求量が多く、水はけのいい砂質や中間的な土壌を好む。

長ネギは土寄せをしながら軟白部を伸ばしていく。植えつけの1週間前に畝をつくる場所に元肥をまき、浅めにすき込んでおく。深さ20cmの植え溝を掘り、ネギの苗を5cm間隔で並べ、植え溝の底にワラを敷いて苗が倒れないように安定させる。

その後、苗の生長に合わせて溝の周囲に米ぬかをまいて3～4回土寄せをし、最終的に溝底から30cmくらい土を盛り上げる。

施肥の目安

元肥
牛ふん堆肥 **2**kg/㎡
米ぬか **200**g/㎡

追肥
米ぬか
50g/㎡×３～４回

畝：植え溝の深さ20cm
植え方：株間５cmで溝に並べる
元肥：表層施用　**追肥**：３～４回
定植：４月。定植の１週間前に畝づくりをしておく。収穫は秋から

28 エンドウ

無肥料の畝にタネまき 翌年からの追肥で育てる

晩秋にタネをまき、小さな苗で越冬させるが、冬前に大株に育つと寒さに弱くなり越冬に失敗する危険がある。そこで、畝には元肥を施さずに深さ18cmを耕し、タネをまく。水はけがいい土壌では平畝、粘土質土壌では高めの畝を用意する。

越冬後に、大きな株に育つよう、株元に油かすを追肥する。立春を過ぎたら2～3週間おきに株元に薄く広くまく。土が乾いているときは、まいた油かすの上に土かワラかぶせて分解を促す。

施肥の目安

元肥　不要

追肥　油かす　**50**g/株×適宜

畝：高さ：5～10cm、幅60cm
まき方：株間30cmで1か所2粒の点まきにする
元肥：不要　**追肥**：立春すぎから
タネまき：11月。定植の1週間前に畝づくりをしておく。収穫は翌年の初夏

29 ソラマメ

元肥を施してタネまき 冬前にある程度育てる

エンドウ同様にタネまきは11月。幼苗の頃には寒さに強いが、厳冬期に入る前にある程度育っていないと霜で傷んでしまう。

タネをまく前に、畝にしっかりと元肥を施しておくのがポイント。タネをまく3～4週間前に、畝をつくる場所に元肥をまいて、深さ18cmまでを粗く耕し、畝をつくったら表層5cmを細かく耕してタネまきに備える。タネのまき方は82ページを参考に。年を越してからの追肥は不要。冬に根をしっかり伸ばせば、初夏に大収穫。

施肥の目安

元肥　牛ふん堆肥　**2**kg/㎡
骨粉　**200**g/㎡

追肥　不要

畝：高さ：5～10cm、幅60cm
まき方：株間30cmで1か所1粒の点まきにする
元肥：全層施用　**追肥**：不要
タネまき：11月。定植の3～4週間前に畝づくりをしておく。収穫は翌年の初夏

30 イチゴ

骨粉を元肥に加え 花や実を多くつくる

植えつけの3～4週間前までに、畝を準備する。畝をつくる場所に元肥をまいて、18～20cmの深さまで細かく耕したら、高さ20cm以上の水はけのいい高畝をつくる。

花や実をつけるのに必要なリン酸を多く含む骨粉を元肥に仕込んでおく。

苗を植えるのは9月。年を越して初夏から収穫が始まる。実が採れ出したら、光合成を盛んにさせたいので、リン酸が不足しないように追肥する。水やりをこまめに行うと、甘い実が採れる。

施肥の目安

元肥　牛ふん堆肥　**2**kg/㎡
油かす　**100**g/㎡
骨粉　**100**g/㎡

追肥　油かす　**8**g＋骨粉　**8**g/株

畝：高さ20cm以上、幅60cm
植え方：株間30cm、ちどり植え
元肥：層状施用　**追肥**：隔週
定植：9月。定植の3～4週間前までに畝づくりをしておく

第3章

育ちがよくなる タネまきと植えつけ

01

タネまきと植えつけの基本

1 季節に合わせて野菜を育てる

適期栽培は育てやすく野菜がおいしくなる

野菜にはそれぞれ育てやすい時期があります。露地栽培では、タネまきや植えつけの時期を守ることがとても大事です。時期をはずして栽培すると丈夫に育たず、収穫に至らないことがあり、病気や害虫の被害も出やすくなります。

日本は南北に長く、地域によって気候がずいぶん異なります。自分が住んでいる地域での栽培適期を確認してタネをまきましょう。

適期栽培なら育てやすくて、おいしい野菜を収穫できます。

夏野菜	**春**に植えて**夏〜秋**に収穫 トマト、ナス、ピーマン、キュウリ、スイカ、カボチャ、オクラ、トウモロコシ、エダマメ、インゲン、サツマイモ、サトイモ、春ジャガイモ
秋冬野菜	**夏**に植えて**秋〜冬**に収穫 ハクサイ、コマツナ、キャベツ、ブロッコリー、ミズナ、ホウレンソウ、レタス、ゴボウ、ダイコン、カブ、ニンジン、秋ジャガイモ
越冬野菜	**晩秋**に植えて**翌年初夏**に収穫 タマネギ、ニンニク、エンドウ、ソラマメ、イチゴ
周年野菜	**春**と**秋**に植えられる野菜 アブラナ科の野菜全般、ホウレンソウ、レタス、ゴボウ、ネギなど

2 適切な間隔を空けて植える

野菜ごとにふさわしい株間と条間がある

株と株の間隔を「株間（かぶかん）」、2列以上に植える場合の列と列の間隔を「条間（じょうかん）」といいます。

野菜の種類によってふさわしい株間と条間があります。大きく育つ野菜は間隔を空け、小さなサイズで収穫する野菜は間隔を狭くして植えます。地上部の枝葉や根を張る範囲が隣同士で邪魔しあわない、効率的な植え方です。

欲張って間隔を詰めてたくさん植えると、風通しが悪くなり病気や害虫被害が出やすくなります。

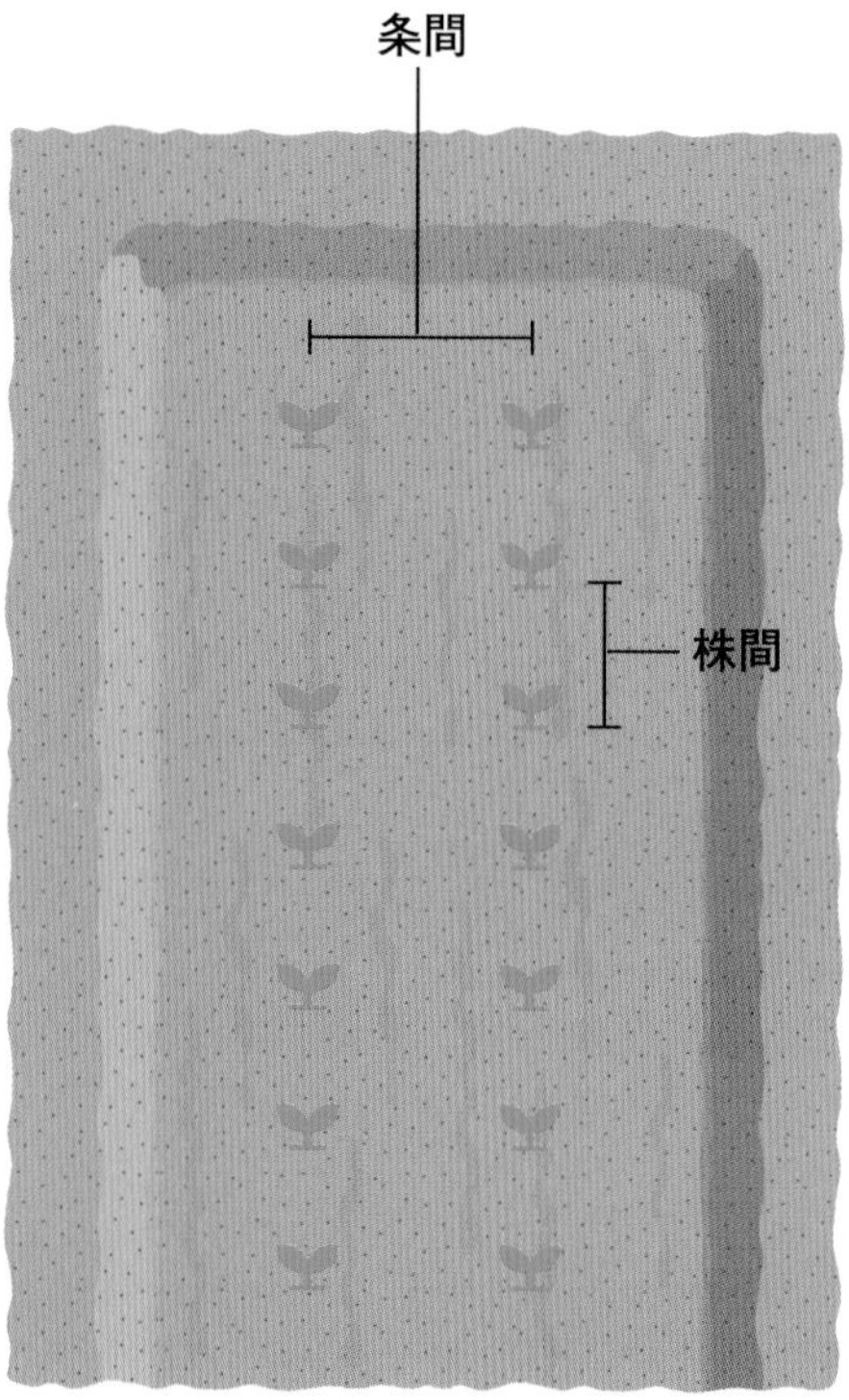

3 土の湿り具合をチェックする

タネまきや苗植え後に水やりはしない

地表から5㎝あたりの土を握って湿り具合をチェックし、ほどよく湿っていたらタネをまいてしっかりと鎮圧します（70ページ参照）。ここで水やりをしないこと。

タネまき直後に水やりをすると地温が下がり、また、土の表面が締まって酸素不足になり、発芽不良の原因になるからです。

苗を植える場合も同様です。定植前に植え穴に水を差したり、定植後に水をまいたりすると、地温が下がり活着を妨げます。

握って団子になる

地表から深さ5㎝あたりの土を握って団子状になれば、さまざまな野菜に向くほどよい湿り気。水やりなしで発芽も活着も良好。

握って団子にならない

土が乾きすぎている場合は、発芽も活着も難しい。下のPointで紹介する通り、事前に水をまいて水分調整をしておく。

Point 土が乾いていたらたっぷりと水やり1～2日置いてタネをまく

雨がしばらく降らず土が乾いている場合は、畝に水をまいて1～2日経ってからタネまきや苗植えをします。畝の深くまで水がしみていくまで、たっぷりと水をかけます。

雨が1日降ったらその2日後くらい、また、梅雨などの雨が続いたときは5日ほど経って、ほどよく水が引いた土の状態が、タネまきや苗植えに適しています。

なお、雨降り直後で土が湿りすぎている場合は、タネまきや苗の植えつけは控えます。酸欠によるタネの腐敗や苗の根腐れが心配です。

事前に土壌水分を調整しておくことが発芽をよくするポイントだ。

02 タネをまく

1 タネは新しいものを使う

タネは年数が経つほど発芽能力が落ちる

タネは新しいほど発芽能力が高く、年数が経つにつれ発芽率は落ちていきます。

畑にまかれたタネは、水分、酸素、温度の3つの条件がそろうと発芽しますが、タネ袋の中のタネは条件がそろわずに休眠しています。しかし、休眠中でも生命維持のために呼吸をしているので、栄養を少しずつ消耗し、やがて寿命を迎えます。

余ったタネは冷暗所や冷蔵庫で保存すると寿命を延ばせます。ただ、寿命が短いタイプのタネは少量ずつ購入して、早めに使い切るようにします。

タネにも寿命がある

年数	野菜
4～6年	トマト、ナス、スイカ、メロン、オクラ
3～4年	キュウリ、カボチャ、ダイコン、カブ、ハクサイ、コマツナ、ミズナ、シュンギク
2～3年	ピーマン、エンドウ、ソラマメ、キャベツ、ブロッコリー、レタス、ゴボウ、ニンジン、ホウレンソウ
1～2年	エダマメ、インゲン、トウモロコシ、ネギ、タマネギ

年数は、常温保存での寿命の目安。冷蔵庫で保存すると寿命はもっと延びる。

2 多めにタネをまいて間引く

いい苗を選んで残せば後々育てやすい

タネは一粒まきするよりも多粒まきした方が、発芽がよくそろって初期生育も順調になります。

発芽したら、よさそうな苗を残して間引きましょう。ヒョロッと伸びている、双葉の形がいびつ、双葉にタネの殻がくっついている、虫食いがある、こういった苗は間引きの対象です。

残すのは、軸が太くて大きな双葉が左右対称に開いているガッシリした印象の苗です。この見極めで育てるのがラクになります。

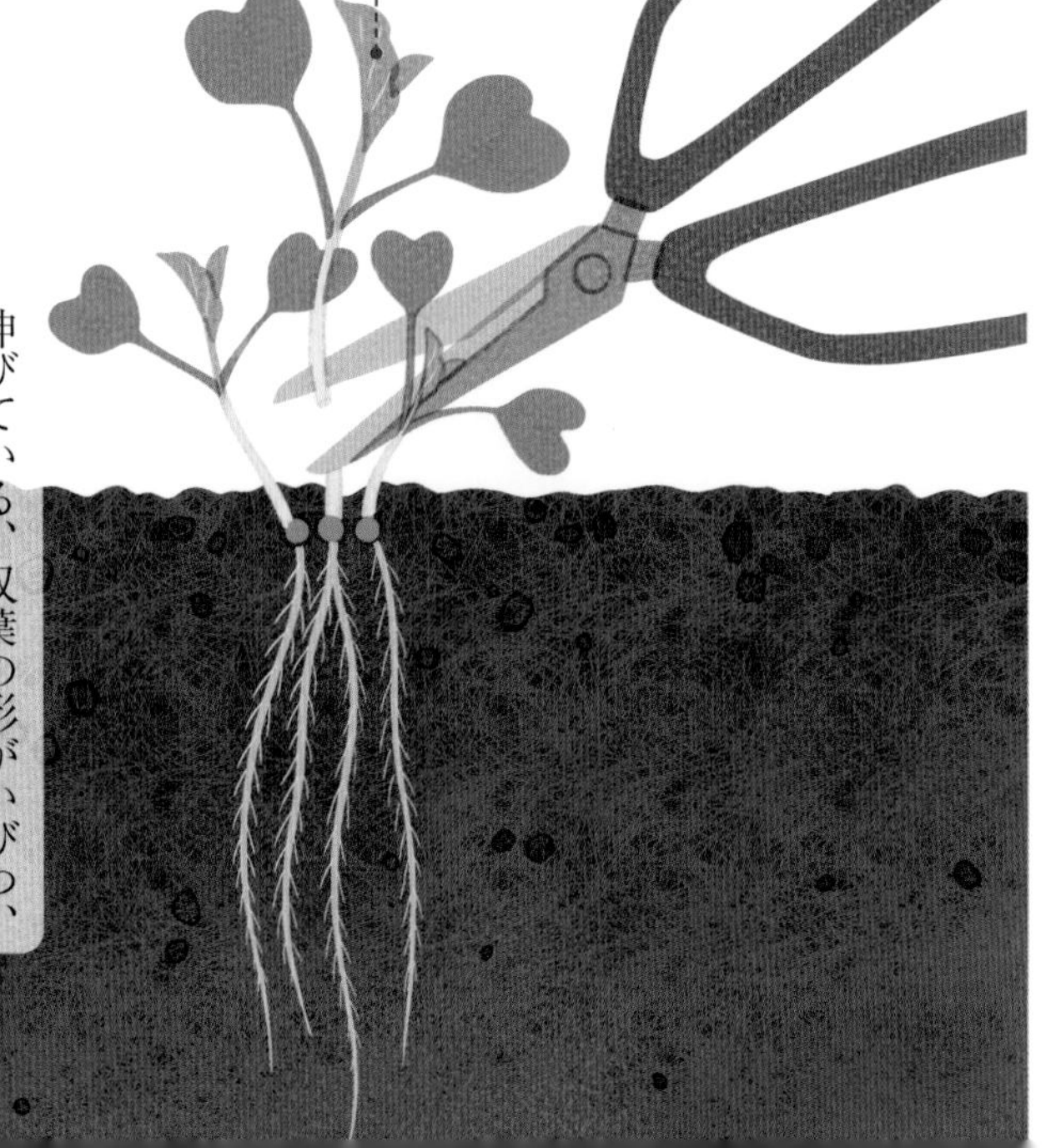

3 スジまきと点まき

野菜によって タネのまき方を変える

スジまきは、板切れや棒を畝に押しつけてまき溝をつけ、タネを1粒ずつ一定の間隔でまいていく方法です。1～2㎝間隔でタネを溝に落とし、土をかけたら手で押して鎮圧しておきます。発芽後は何度かに分けて間引きをして間隔を空け、最終株間にします。

ニンジン、コマツナ、ホウレンソウ、カブなど小さな野菜を育てるのに向くまき方です。

一方、点まきは、エダマメ、オクラ、ダイコン、エンドウなど大きく育つ野菜に向くタネのまき方です。一定の株間をとりながら、1か所に数粒ずつタネをまき、発芽後に間引いて1か所1株にして育てます。タネが大きなソラマメは1か所に1粒まきで十分。多粒まきする必要はありません。

スジまき
小さな野菜に向く

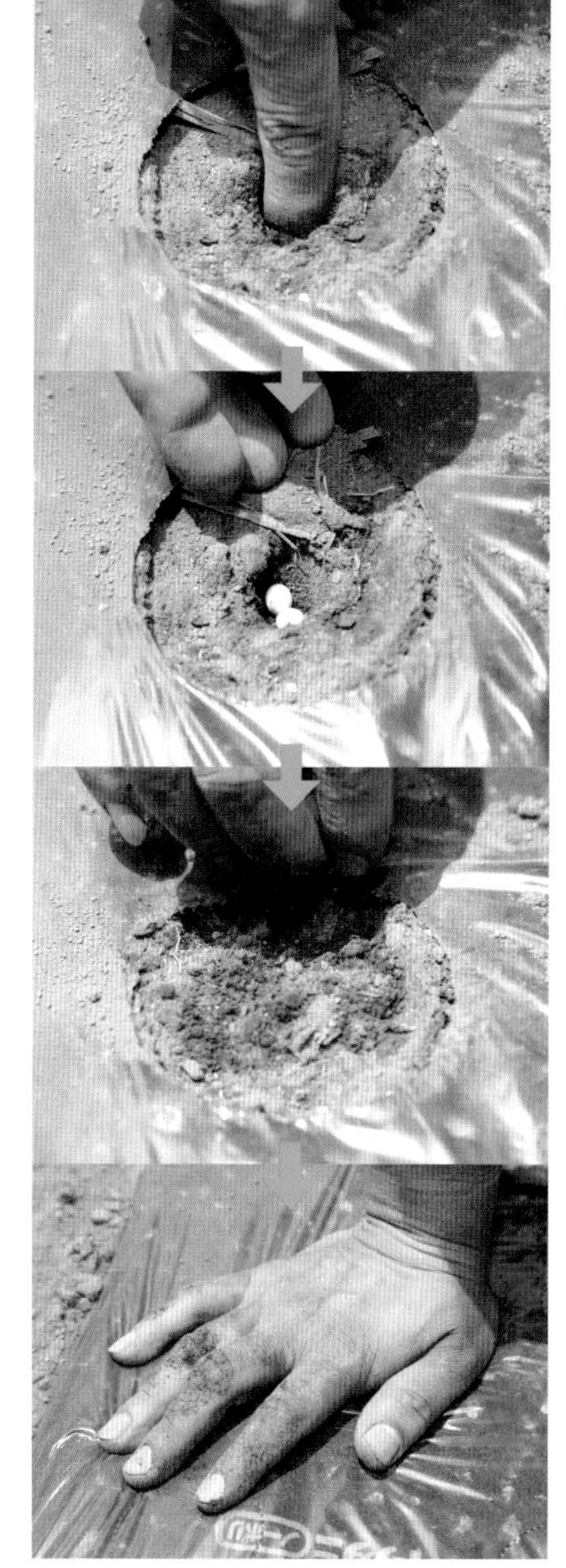

点まき
大きくなる野菜に向く

4 鎮圧でタネに水分

タネまき後の鎮圧で発芽率が向上する

鎮圧するとタネと土が密着するため、タネが土壌水分を吸えるようになります。また、土の表面を押すことで、地下水と表層の水分が毛細管現象によってつながり水が上がってきます。さらに、土の表面が押し固められるため水分の蒸発が防げます。これが、タネまき後に水やりをしなくても発芽がそろう理由です。

鎮圧の強さは土の湿り具合で変えます。土がほどよく湿っているときは、タネの約2倍の深さにタネを埋めてから体重をかけて手で鎮圧します。土がやや乾き気味の場合は約3倍の深さに埋めて足でしっかり踏んで鎮圧します。これで地下から水が上がってきます。

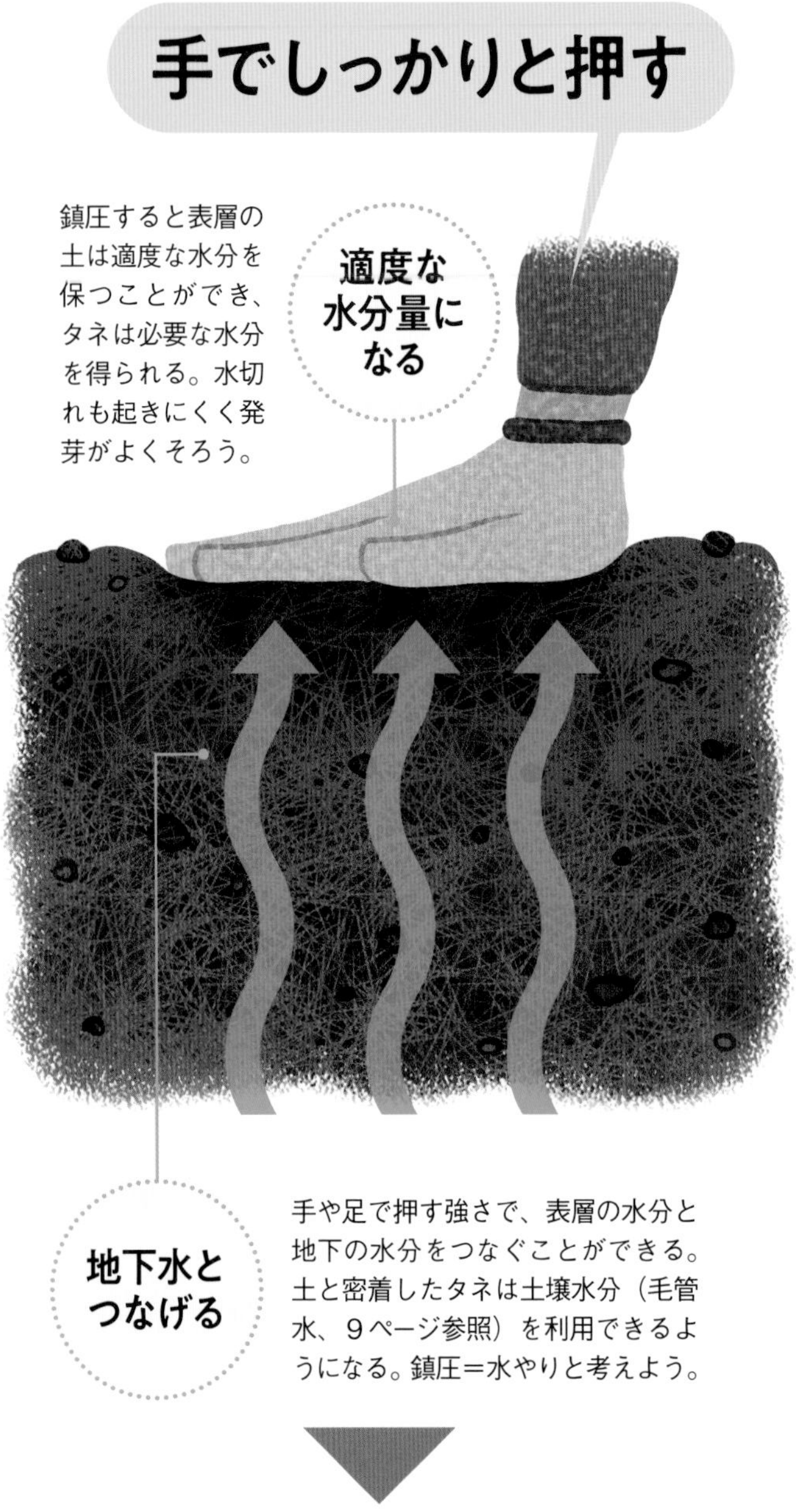

手でしっかりと押す

適度な水分量になる

鎮圧すると表層の土は適度な水分を保つことができ、タネは必要な水分を得られる。水切れも起きにくく発芽がよくそろう。

地下水とつなげる

手や足で押す強さで、表層の水分と地下の水分をつなぐことができる。土と密着したタネは土壌水分（毛管水、9ページ参照）を利用できるようになる。鎮圧＝水やりと考えよう。

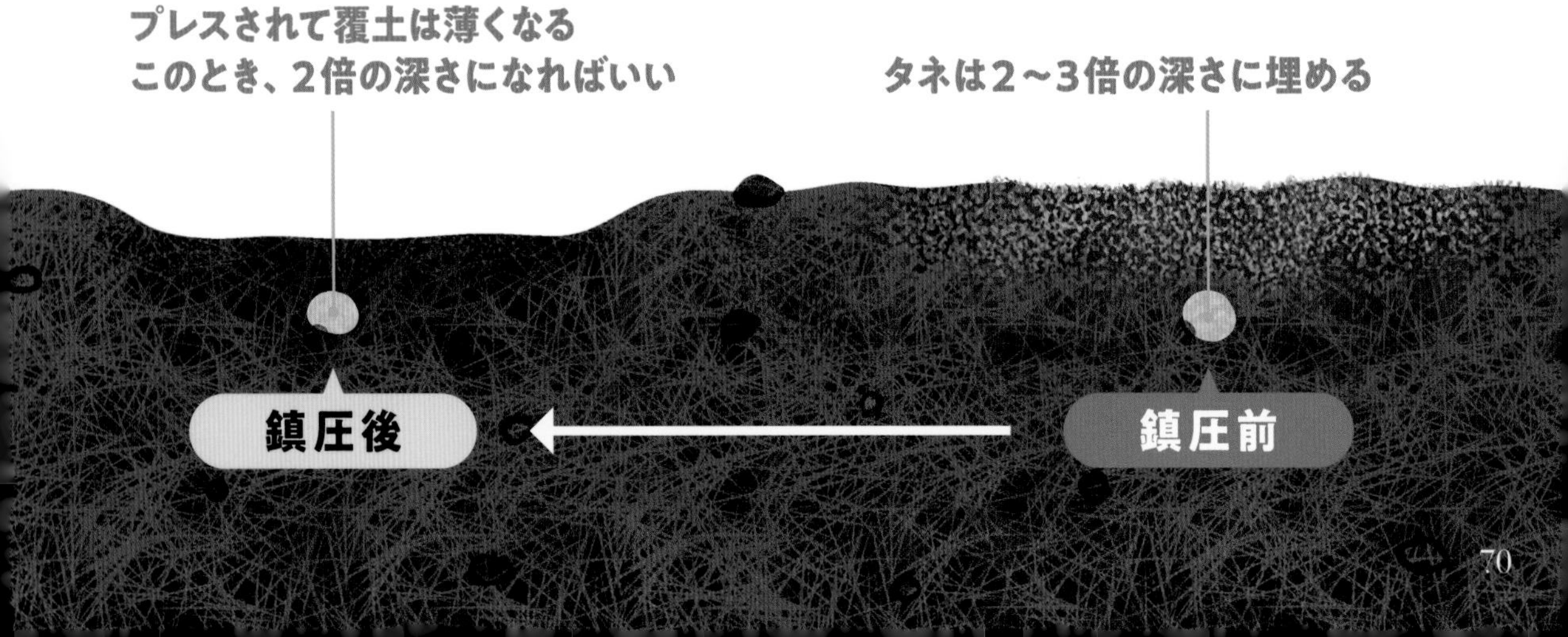

プレスされて覆土は薄くなる このとき、2倍の深さになればいい

タネは2～3倍の深さに埋める

鎮圧後 ← 鎮圧前

03 苗を植える

1 いい苗を選ぶ

いい苗を選べば栽培は苦労なし

元気ないい苗を植えると、育てるのが驚くほど簡単になります。

良苗の見分け方は下の通り。葉が厚くて節間（せっかん）が詰まったガッシリタイプの苗がいい苗です。葉色の濃い苗は、後々病虫害に悩まされる可能性があります。

ホームセンターの苗売り場に行くと、どうしても大きな苗を選びがちですが、ヒョロリと背が高い苗は徒長しているものが多く、植えてもうまく育ちません。

早い時期から苗の販売が始まりますが、植えつけ適期まで待って購入しましょう。

葉が厚く虫食いや病変がない

葉色は濃すぎず、薄すぎず

葉色が濃い苗は肥料過多の疑いがある。雑草よりも若干濃いめの緑色がいい。

苗の大きさに比べてポットが小さいと問題

ポット内で根がグルグル巻いて老化している疑いあり。安価でも、頭でっかちの苗は避けた方が無難。

節間が詰まったガッシリタイプ

茎が太く、節間（葉と葉の間隔）が詰まった、強健な印象の苗を選ぶといい。

根が褐色でグルグル巻いている

根が巻いて色も褐色になっている苗は、活着が遅れるばかりか、育てるのに苦労する。

○ 根が白い

根鉢の周囲に白い根が出始めている状態。植えつけ後に、スムーズに活着するいい苗だ。

2 植えつけ前の給水が重要

植えつけ後には水を与えない

植えつけ前に、水を張ったバケツやたらいにポット苗を置き、根鉢の表面が湿ってくるまで底面から水を吸わせます。バケツから苗を出し、2~3時間日陰に置いて葉の先端まで水分を行き渡らせます。水をたっぷり蓄えた状態で植えつけるのがポイントで、水やりは不要です。3~4日すると水分を求めて自ら根を伸ばし、スムーズに活着します。根張りがよく、乾期にも水やりいらずの丈夫な株に育ちます。植えつけ後から水やりを繰り返すと、活着を妨げるばかりか根が甘えて伸び悩みます。

❶底面給水をする。❷給水後、植えつけまで日陰に置いておく。このひと手間で、活着がスムーズになる。

Point

夏野菜の植えつけは風のない午前中 秋冬野菜の植えつけは曇天の午後がいい

トマトやナスなどの夏野菜の植えつけ適期は、中間地では5月の連休前後です。高温を好む野菜なので、晴れた日の午前中に植えます。この時期には気温が下がる日もあります。植えたらあんどんで囲むと安心です。ハクサイやキャベツなどの秋冬野菜は低温を好みます。植えつけ適期の8月下旬~9月上旬はまだ気温が高い時期なので、曇りの日の夕方など涼しい時間帯に植えるのがおすすめです。

❶5月上旬にズッキーニを植えつけ。❷あんどんで苗を囲って遅霜対策をする。風よけにもなる。

3 植えつけ作業の基本

あけた植え穴に根鉢をぴったり埋める

植えつけ適期に合わせて畝を準備し、苗を用意したら速やかに植えつけましょう。

作業手順は左の通り。ポイントは、根鉢の表面と畝の表面が同じ高さになるように植えること、それから植え穴と根鉢の間に隙間ができないように土を戻し入れ、手で押さえて鎮圧することです。根鉢の周りに隙間があると、根が伸びたくても伸びていけません。

1 植え穴をあける
株間を測って植えつけ位置を決め、ポットよりもやや大きめの穴をあける。

2 根鉢を取り出す
ポットから根鉢を取り出す。苗を横にして底を押すとポットをはずしやすい。

3 植え穴に収める
根鉢を植え穴に置いてみる。深植えにならないよう、穴の深さを調節する。

4 土を寄せて鎮圧
掘り出した土で植え穴と根鉢の隙間を埋め、軽く手で押さえて鎮圧する。

5 トマトやナスには仮支柱を立てる
植えつけ後に苗が風であおられないよう、仮支柱を立てて麻ヒモなどでくくっておく。苗の高めの位置でくくること。

04

野菜別

タネまきと植えつけのコツ

1 トマト

老化苗、メタボ苗を復活させる 根鉢バッサリ1/3植え

根が回ったトマトの老化苗は根鉢を大胆に切って植える

購入した苗が、根がグルグル回っている老化苗だったり、化学肥料を多く使って育苗した太すぎる茎のメタボ苗だったりしたら、そのまま畑に植えても、芳しい生長は期待できません。

底面給水後に、根鉢が3分の1くらいになるよう、ハサミでバッサリと切って、寝かせ植えにしましょう。トマトは発根力が強いので、すぐに新しい根を出して生長を始めます。

また、定植前の2～3日間は水やりをストップしましょう。苗はいったんしおれてしまいますが、乾燥地帯が原産のトマトは、畑に定植すると根を伸ばすスイッチが入ります。活着と初期生育をよくするワザです。

老化苗は活着に時間がかかって枯れてしまうことがある。根鉢の左右と底を切ってあげることで新しい根が出やすくなり、速やかに生長を始める。

本葉8枚、第1花房が咲いた大苗を根鉢を切って寝かせ植えする

1トマトの大苗を寝かせ植えする。埋める部分の葉は3枚切っておく。茎は水平に置いて埋め、先端部分は支柱に誘引する。2栽培終了後に茎を掘り出すと、不定根がたくさん出ていた。

トマトは本葉8枚、第1花房が咲いた頃に定植すると、生殖生長と栄養生長のバランスをとりながら順調に育つようになります。

根鉢を3分の1にカットしたら、苗を寝かせて植えると新しい根がスムーズに伸びて活着し、茎からは不定根が多く生えます。土に埋める部分の葉を3枚切り、茎をなるべく水平にして5cm以上の深さに埋めるのがコツ。先端部分は支柱に誘引し、生長を始めたら斜め45度に誘引すると、生殖生長と栄養生長のバランスがとれ長期間安定して実がつくようになります。

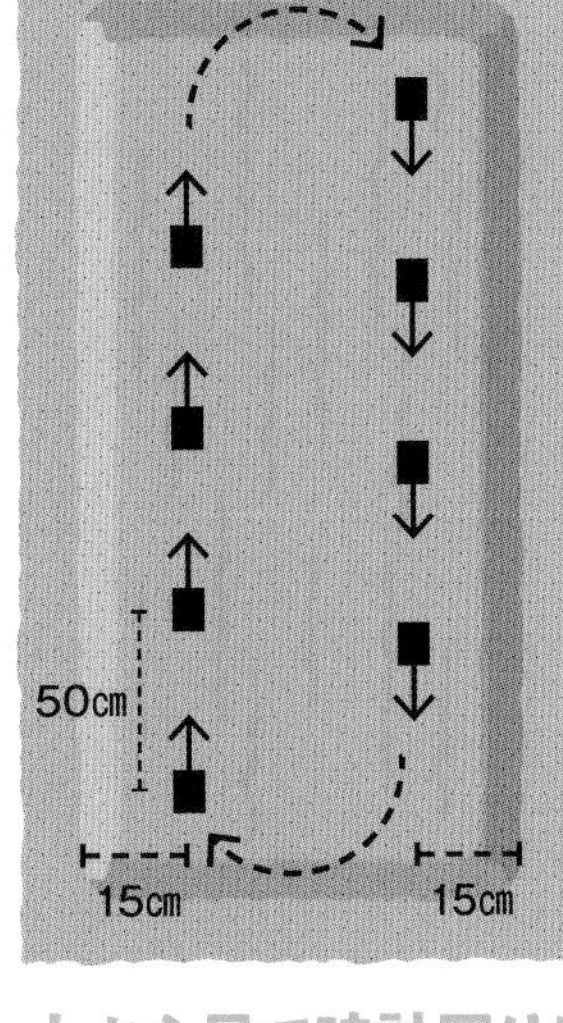

上から見て時計回りになるように植える

2列に植えて斜め45度に誘引する場合、上から見て時計回りの方向に枝を回して仕立てると、実のつきがよくなる。反時計回りでは花落ちが多くなる。

生長したら斜め45度に誘引する

ネギ

新根が伸びて速やかに活着する

切った根から新しい根が伸びて生長する。病気予防にネギを一緒に植えるといい。

不定根がたくさん出る

埋めた茎から不定根がびっしりと生える。トマトが丈夫に育ち、長期間の収穫につながる。

2 ナス

畑になじみやすい苗に再生する
新根再生術

根鉢をサイズダウンして1週間、再育苗する

根がグルグルと回っているナスの不良苗は、定植前に再生させるとよく育ちます。まずハサミで根鉢をひとまわり小さく切ります。次にポットに戻して土を足し、1週間ほど育苗します。

1週間で新しい根がちょうどいい具合に伸びるので、根鉢の周囲に白い根が出てきます。この状態で畑に植えると、ナスがスムーズに活着します。

この再生術のポイントは、定植先の畑の土を足して再育苗することです。こうすることで、ナスは畑の土の情報を予習することができ、植えつけ後の活着がよりスムーズになります。

1 根鉢の周囲を5㎜切ってサイズダウン

苗を底面給水させて根鉢を湿らせておく。ポットをはずし、ハサミで根鉢の周囲と底部分を約5㎜ずつ切ってひとまわり小さくする。底で巻いている根は、手でほぐしておくと切りやすくなる。

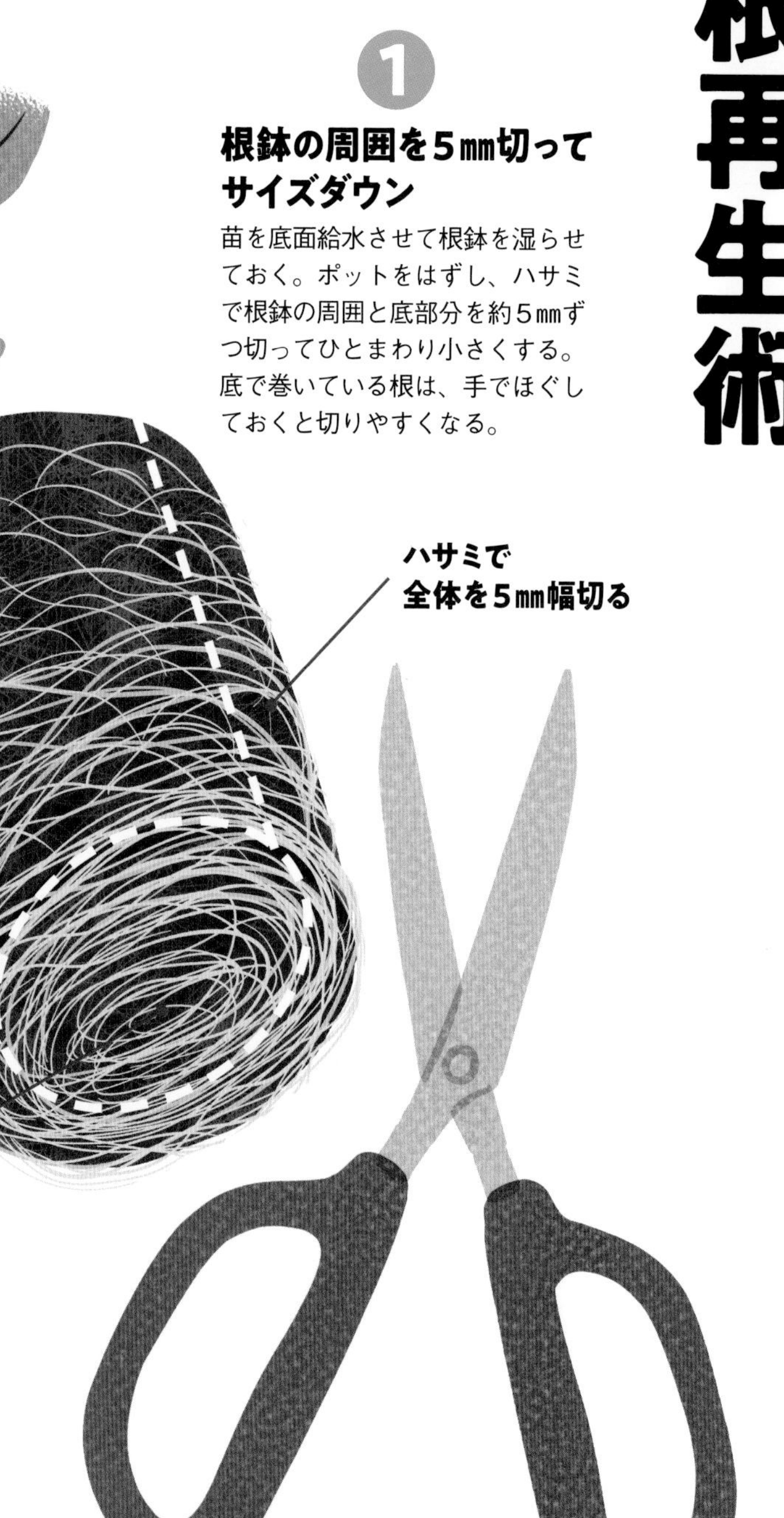

② 育苗ポットに戻す

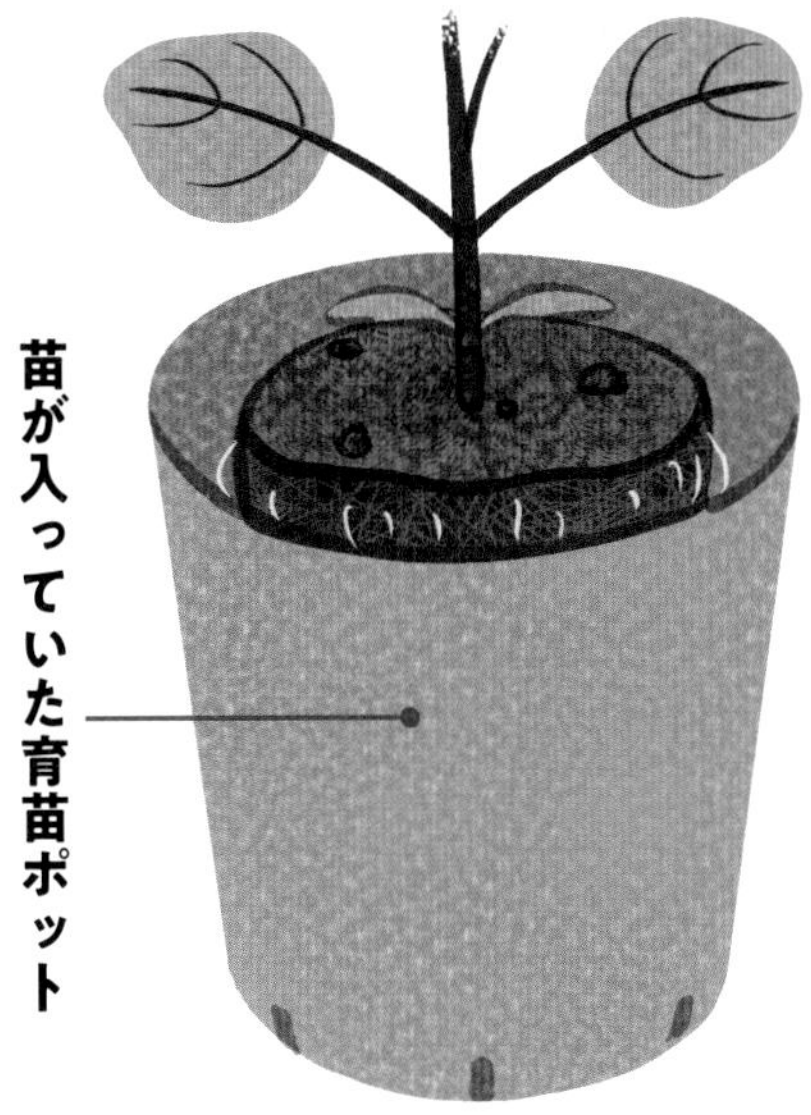

苗が入っていた育苗ポットをそのまま再利用する。ポットの底に畑の土を５㎜入れ、根鉢を切った苗を置く。畑の土は、ナスを植える予定の畝の土を使うのがベスト。

③ 畑の土を隙間に詰める

根鉢とポットの間に畑の土を詰める。新しい根がスムーズに伸びるように隙間なく土を詰め、指で押して鎮圧しておく。日の当たる場所に置き、土が乾いたら水を与えて育てる。

④ 1週間後に畑に植えつける

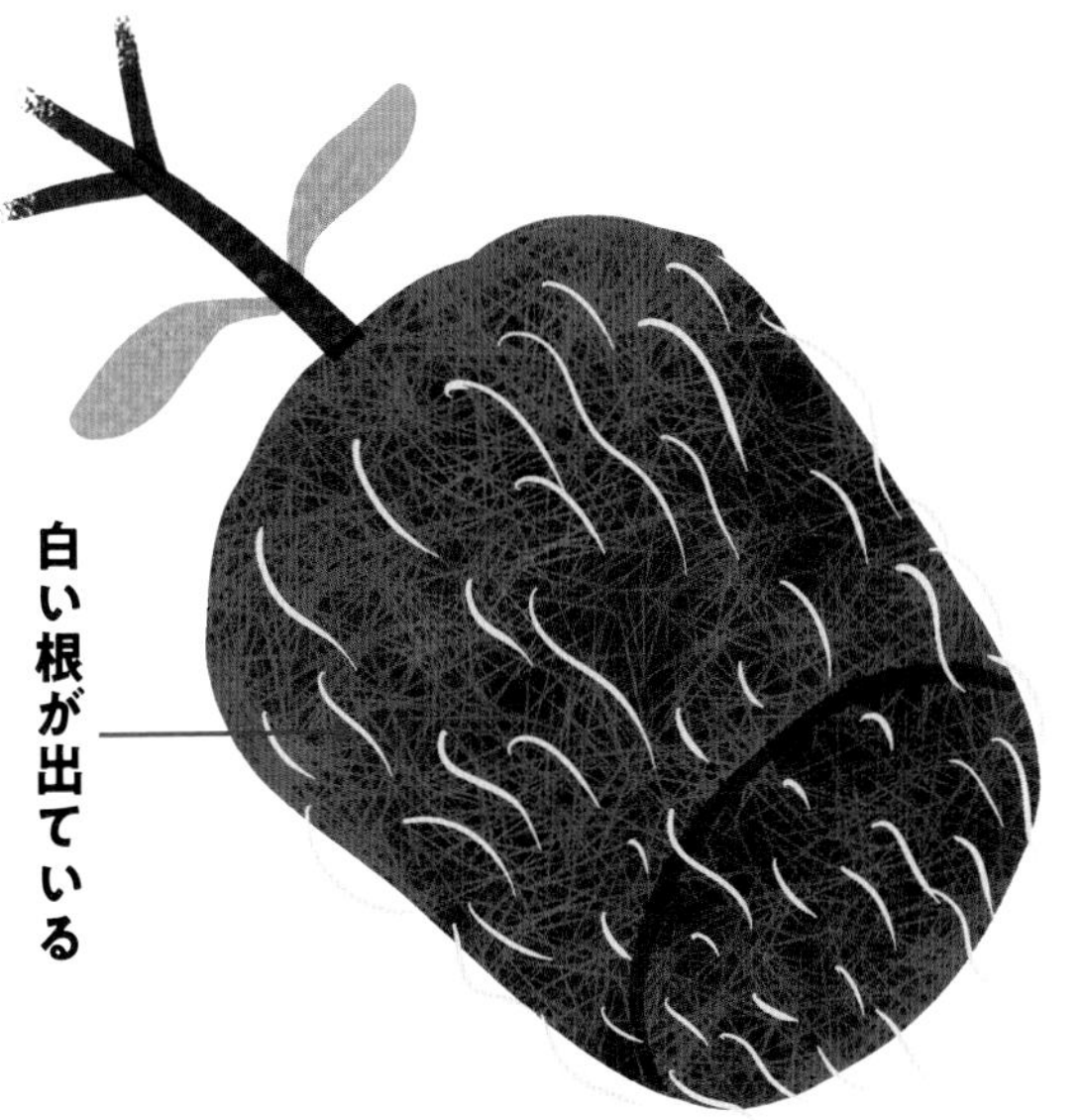

１週間再育苗すると、根鉢から新しい白い根が伸び出し、植えつけるのに適した状態になるので、さっそく畝に植えつける。これで速やかに活着し、順調に生長する。

Point

畑の土を加えることで植えつけ先の情報を苗に伝えることができる

畑の土との出会いの場をつくる！

　再育苗の際に、畑の土を利用するのはとても重要なポイント。土の構造、含まれる有機物や棲んでいる微生物など、土が持つさまざまな情報をあらかじめ知ることができ、定植後の活着がよりスムーズになります。また、足した土から雑草が生えても抜かないで。苗は畑の雑草と共存する術もここで学んでいます。

　さて、購入した苗は化学肥料を多く使って育苗したものが大半です。畑の土を足して再育苗することで、有機栽培や自然栽培の畑になじむ苗にすることができます。根が巻いていない若苗なら、ひとまわり大きなポットへ鉢上げして、畑の土との出会いの場をつくってあげましょう。

3 キュウリ

空気をたっぷり得て根はすくすく
肩出し斜め植え

斜めに浅植えして その後も斜めに誘引

左の写真はキュウリの〝浅植え定植〟です。キュウリの根は湿気を嫌い、空気を欲しがるので、畝の肩近くに浅植えすると活着がよく、生育も順調になります。カボチャ、スイカ、メロンなどのウリ科野菜に共通する植え方です。

この方法をさらに進化させたのがイラストの〝肩出し斜め植え〟です。根鉢の肩を地表に出して植え、茎は斜め45度に傾いた状態で支柱に固定するか、ネットに誘引します。

キュウリはもともと横に這って育つ野菜なので、同じ浅植えでも、よりストレスがかかる垂直方向の定植よりも、斜め植えの方が初期生育とその後の実のつきもよくなります。

2節目までのわき芽は摘みますが、親ヅルの摘芯はしないで、ツルを斜め45度の方向に誘引して育てましょう。

まっすぐに植える際には根鉢を5㎜くらい出す浅植えにする

1キュウリの根は空気が大好き。垂直に植える場合も、根鉢を5㎜出して浅植えにするといい。2周囲の土を寄せて根鉢に軽くかけておく。これでスムーズに育つ。“肩出し斜め植え”なら、さらに生育が順調に。

麻ヒモで8の字に縛る

仮支柱で茎を支える

茎が地面に触れないように植える

根鉢の肩を地表に出して植える
土はかけずにそのままでいい

根が浅い部分に伸びる

4 トウモロコシ

タネの呼吸熱で発芽率がアップ 1穴多粒まき

5月の連休前後は発芽しにくい時期

トウモロコシの発芽には高温が必要です。5月の連休前後に直まきする場合は、トウモロコシにとっては地温がまだ低く、1穴1粒まきでは発芽率が悪くなります。

そこで、地温が低い時期には1穴に3粒ずつタネをまとめてまく多粒まきをすると、発芽スイッチが入ったときにタネが出す呼吸熱によって土が温まるため、発芽が促されます。なお、5月中旬以降になって地温が上がったら、1穴1粒まきでも発芽します。

覆土はタネの倍くらいの厚さだと水分が十分に維持できます。土が湿っているときはマメ類同様に手で押しつけるだけにします。

5月連休前後のタネまきは1穴多粒まきがおすすめ

初期生育をよくしたいので、元肥は１か月前に施して生物活性が落ち着いてからタネをまく。株間30㎝、条間60㎝の２条植えとし、ひとつのまき穴に３粒まとめてタネを落として覆土する。トウモロコシはやや乾いた土の方がよく発芽する。湿っている土では酸素不足になりやすく発芽力が落ちる。土が乾き気味でも足で踏んでしっかり覆土をしておけば問題なく発芽する。

1本立ちにしたら追肥と土寄せをする

トウモロコシは吸肥力が強いので、草丈15㎝までに間引いて１か所１本にする。１本立ちしにしたら米ぬかで追肥をする。株の片側に米ぬかを約10ｇまいて土を寄せておく。その１週間後に反対側に米ぬかを約10ｇまいて土を寄せる。トウモロコシは米ぬかを与えるとおいしい実が採れる。

やわらかい実がたくさん採れる

5 オクラ

多粒まきで多本仕立て

育苗は1穴3粒 直まきは1か所4粒

オクラは乾き気味の土でもよく発芽します。砂質の乾燥土壌でも多本仕立てにすると、根を地中深くまで伸ばし水を吸い上げます。オクラの発芽適温は25～30度で、高温だとよく発芽します。育苗のときは1穴多粒まきをすると呼吸熱によって地温が高まり、芽を促すことができます。

直まきのときは、1穴多粒まきは向きません。多本仕立てにするのでちょうどいいと思われますが、タネ同士が密着していると生育にばらつきが出てしまいます。1穴多粒まきにして発芽がそろったとしても、その後の生育がそろわなければ、多本仕立てにする意味がなくなってしまいます。

オクラは株同士を競合させることで根張りがよくなり収穫もしやすくなりますが、タネ同士が近すぎると競合しすぎて全体の収量が落ちてしまいます。直まきはイラストのように1か所に4粒、間隔を空けてまくことがポイントです。元肥は20㎝の深さに埋め、表層は肥料っ気のない状態にします。

センターは5～6㎝ほど空ける

直径10㎝ほどの浅い穴にタネを4粒まく。点まきのセンターは5～6センチほど距離を空けると、株が通路側に広がって混みすぎる状態を防ぐことができる。

ここの距離は2～3㎝でいい

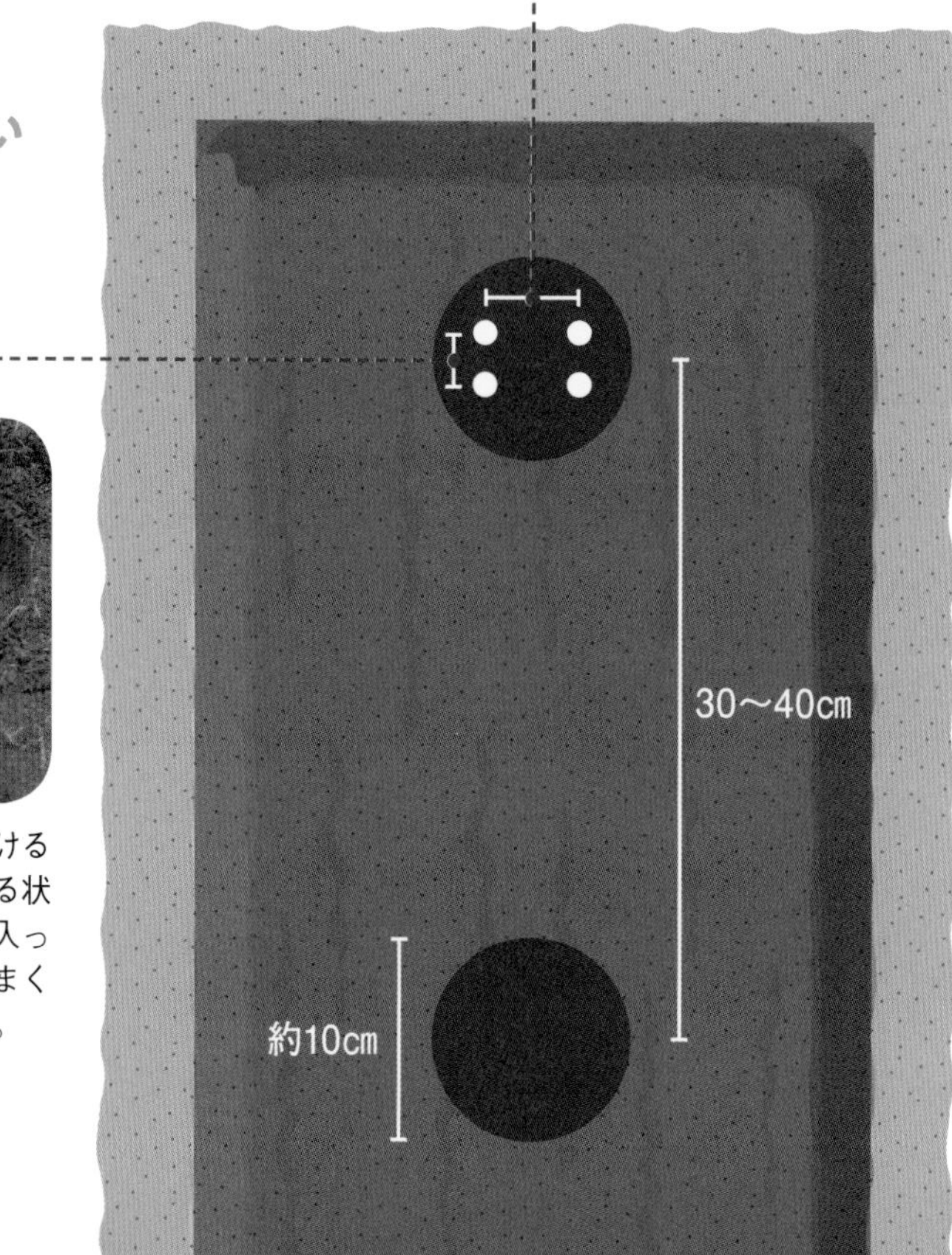

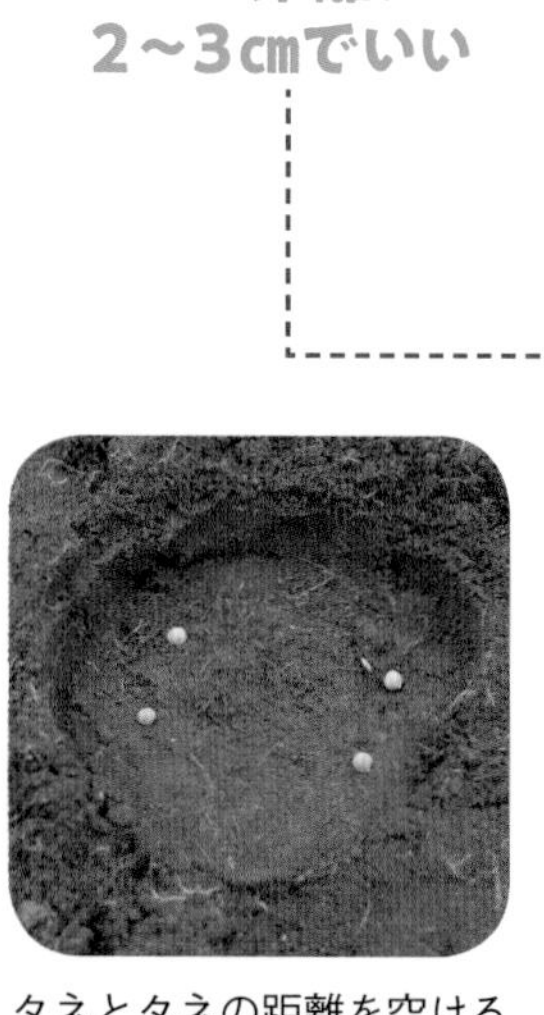

タネとタネの距離を空けると、ほどよく競合させる状態に。直まきは5月に入って地温が上がってからまくと、発芽がよくそろう。

6 エダマメ

空気と水分のバランスがよく生育良好

畝と通路の境界線まき

他の野菜の畝を利用してエダマメづくりを

エダマメは専用の畝をつくらずに、畑のあちこちに植えて育てるといいでしょう。タネをまく場所はイラストのような畝の際がおすすめです。

エダマメは、よく田んぼの畦（あぜ）でつくられています。畦には水分が十分にあって空気の出入りもよく、エダマメにとってはベストポジションなのです。畝の際の土壌環境は、田んぼの畦によく似ています。地踏み固められた通路部分には、地下から上がってくる水分がキープされ、畝側からは空気がたっぷりと供給されます。また雨が降ると畝から水が流れ落ちてきます。

畑の畝と通路の境界線は、水分と空気のバランスがうまくとれる場所です。株間30cmでエダマメのタネを2粒ずつまいて、育ててみましょう。

エダマメは畦マメと呼ばれるくらい。田んぼの畦に植えると、よく育ってよく実る。

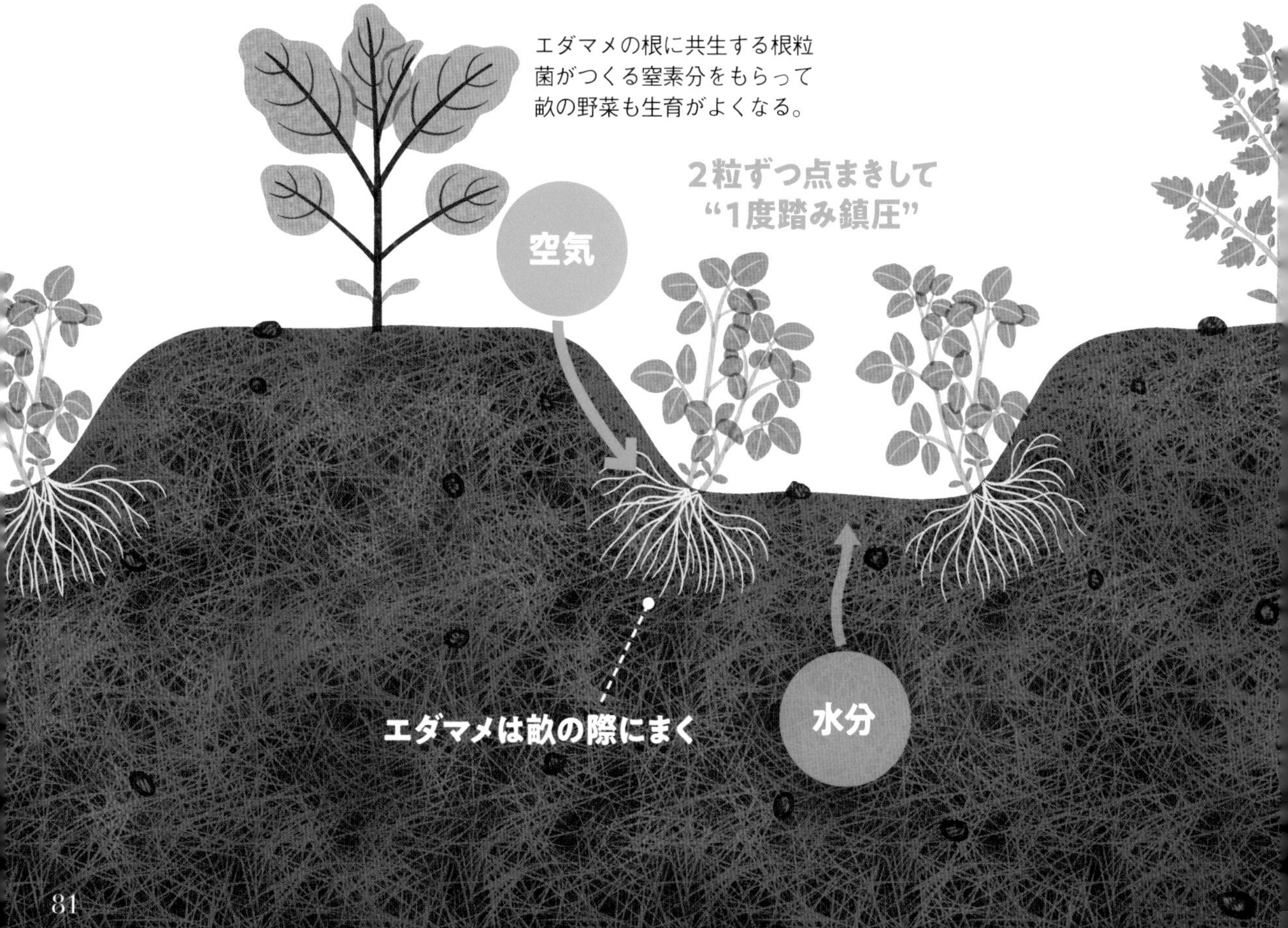

エダマメの根に共生する根粒菌がつくる窒素分をもらって畝の野菜も生育がよくなる。

2粒ずつ点まきして“1度踏み鎮圧”

空気

水分

エダマメは畝の際にまく

7 マメ類

土が湿っていてもタネが腐らない 1穴多粒まきと半身埋め

タネ同士が水を吸い合い酸欠を防ぐ

土が湿っているときはタネが腐りやすいので、まき方で水分をコントロールします。表層の土を握って団子になるくらいの場合は、エダマメ、インゲン、エンドウは〝1穴多粒まき〟にします。タネ同士が水分を吸って過湿を防ぎます。湿った土でもタネが水を吸った分だけ土壌の気相（空気）の割合が増えるので、呼吸ができるようになります。土がびしょびしょの場合は〝1穴多粒まき〟でも発芽しにくいので、覆土はせずタネを土に押しつけるだけにします。

ラッカセイとソラマメはタネが大きいので一粒まきにします。どちらも湿った土で覆土をすると腐りやすいので、タネが地表に出るようにしてまく〝半身埋め〟で発芽を促します。ラッカセイは尖った方を下に向けて挿し込みますが、全部は埋めずに頭は地表に出しておきます。ソラマメは横にして手のひらで押しつけ、タネの半分が地表に見える状態にします。

エダマメ・インゲン・エンドウ

湿り気のある土の場合は1穴にタネを3粒まく。タネまき後に雨が降っても過湿を防げる。ヘソの位置は気にしなくて大丈夫。びしょびしょの場合はタネを土に押しつけるだけにする。

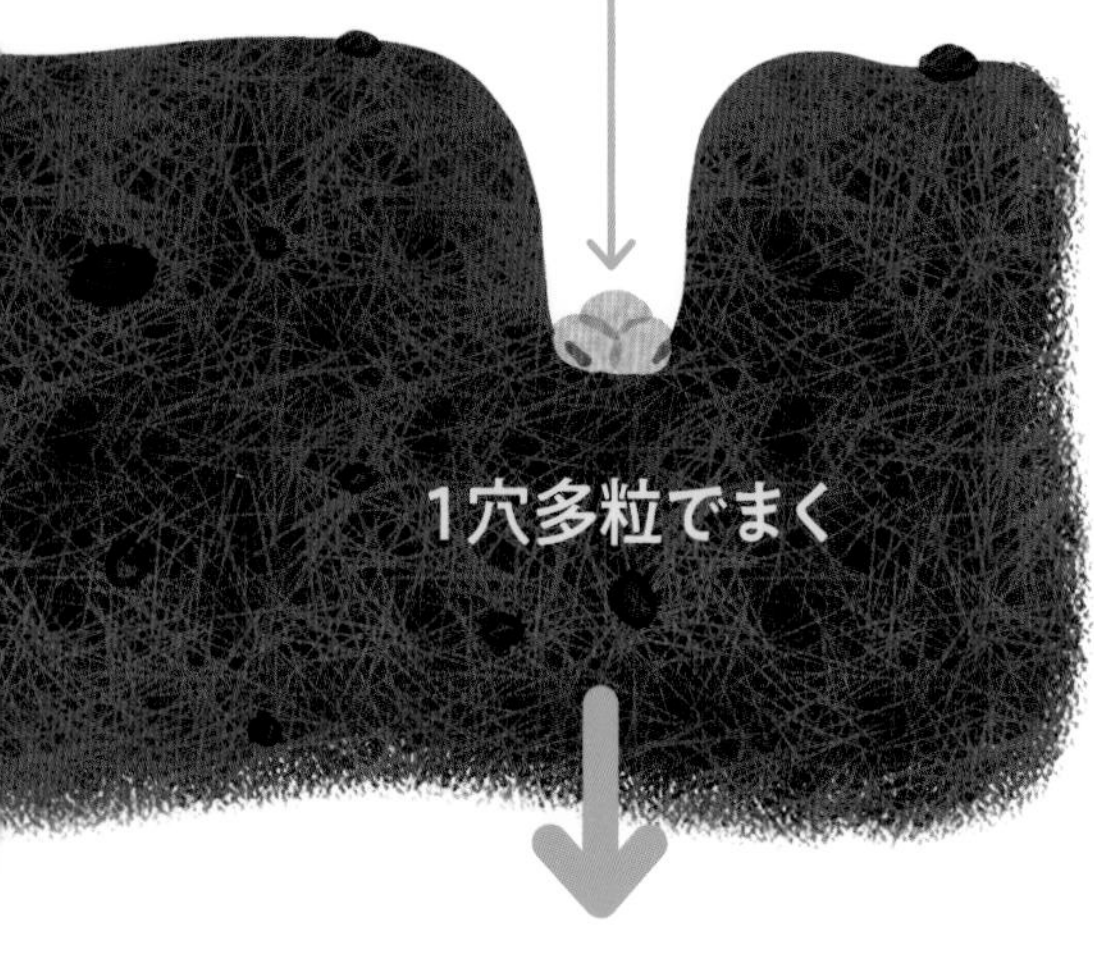

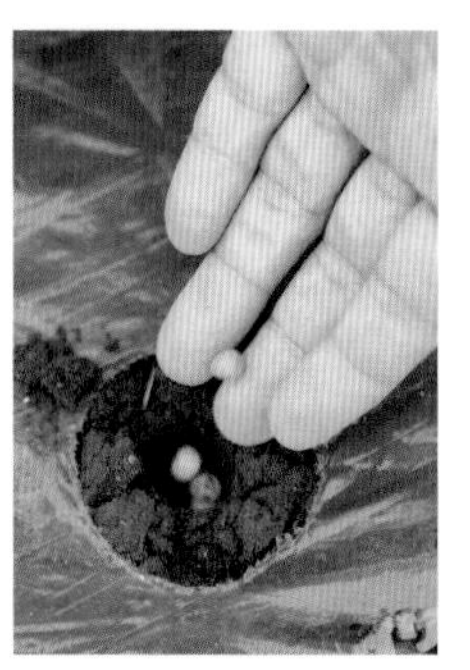
タネの2倍の深さにまき、覆土して手で鎮圧する。畝に無孔マルチを張って自分で穴をあけたときは、2〜3日置いて、まき穴を乾燥させてからまくといい。

エダマメ、インゲン、エンドウとも3本発芽したら、間引いて1本にする。

ソラマメ

ソラマメは、とくにたくさんの酸素を必要とするので、タネの半分だけ土に埋める。埋めすぎてしまうと腐りやすくなる。

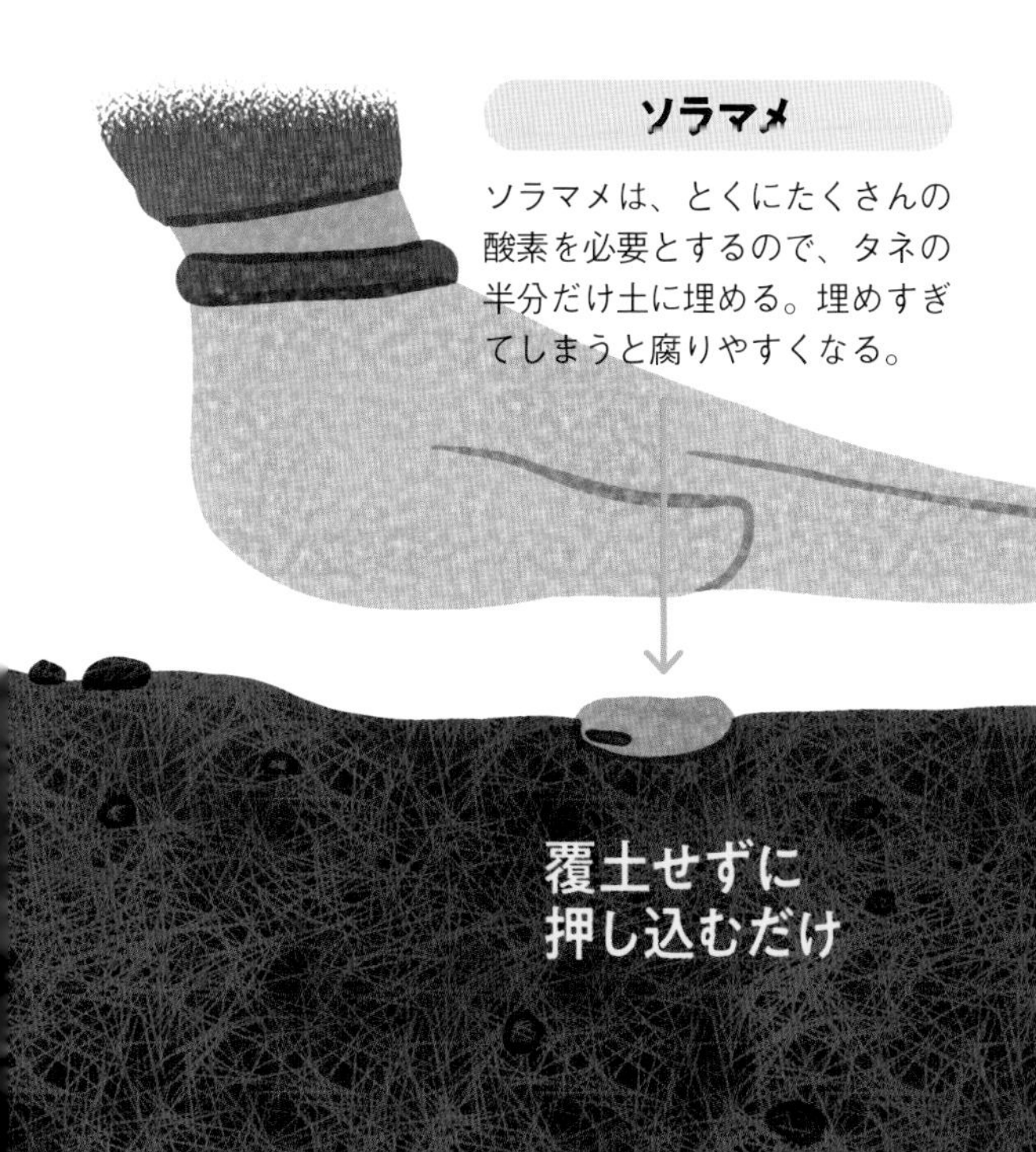

覆土せずに押し込むだけ

1湿った土の場合は覆土しないが、乾燥した土は酸素が多いので覆土しても発芽する。土壌に合わせてまき方を変えるといい。2縦に挿す場合も、オハグロを下にしてラッカセイのように半分だけ埋める。

“半身埋め”をする場合は鳥よけを設置する

覆土しない場合は、鳥に狙われやすくなります。タネをまいたらすぐにテグスを張るか、防鳥ネットを掛けておきましょう。初生葉や本葉が展開すれば、鳥は食べられません。

ラッカセイ

湿り気のある土では、タネの頭を地表に出しておくことで酸素不足を防ぐことができる。尖った方から半分挿し込む。覆土はしない。

タネを全部埋めない

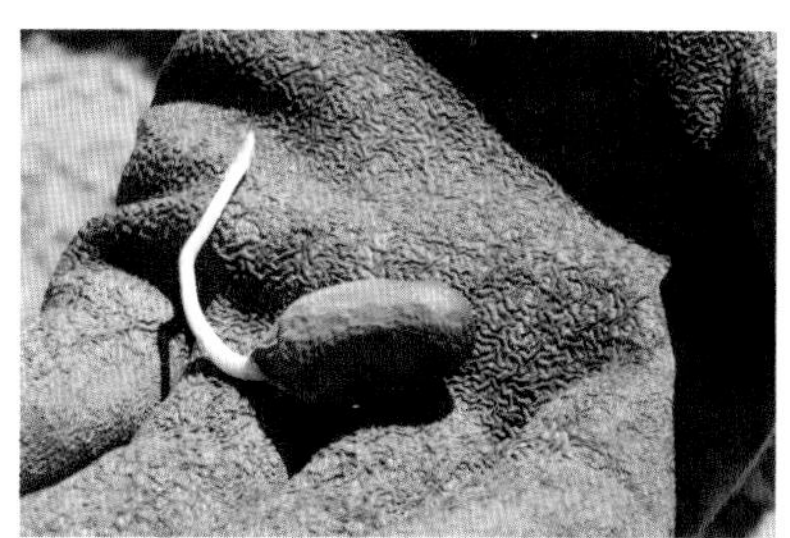

ラッカセイのタネは、尖っている方から根が出る。尖っている方を下に向けて挿すと根が伸びやすく、子葉も展開しやすくなり順調に育つ。

タネの頭が地表から出ていても、根を出し、子葉が開いて芽が伸びてくる。乾燥した土の場合は覆土して鎮圧しておく。

8 ジャガイモ

どの株も生育がよくそろう ハンディキャップ植え

地上部の生長を均一にする工夫

春ジャガイモづくりでは、大きめの種イモを60g程度に切って埋めるのが一般的ですが、地温が高い秋ジャガイモづくりでは、切った種イモでは腐りやすいので、種イモを丸ごと植えます。

その際に、種イモの状態を見ながら、植える深さを変えるといいでしょう。

まず、大きくて充実した種イモは芽を出すパワーが強いので深めに埋め、小さい種イモやシワが寄った種イモは芽の伸びが緩やかなので浅めに植えます。

このように埋める深さに差をつけておくと、地上部にほぼ同時に芽が出てくるので、同じタイミングで光合成が始まります。どのジャガイモも、スタート時点で勝ち負けがつかず、同じように大きく育つチャンスが与えられます。

大きな種イモは深めに埋め 小さな種イモは浅めに埋める

深め

浅め

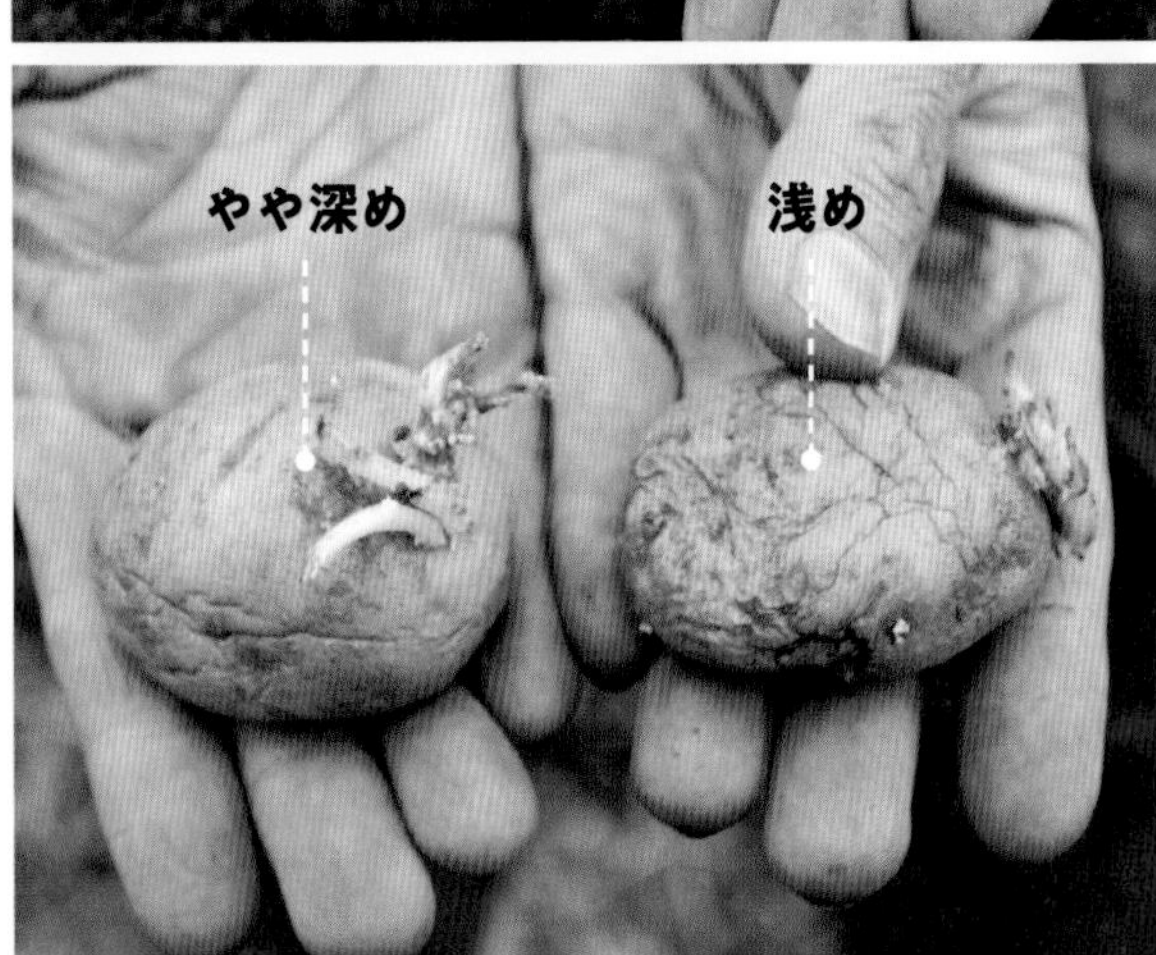

大きくて張りがある種イモは、10cm程度覆土する深植え。張りがあっても小さい種イモは5cm程度の覆土の浅植えにする。同程度に小さくても、シワの寄ったものは浅めに差をつけて植える。

芽が多く出ている方を 一方向にそろえて埋める

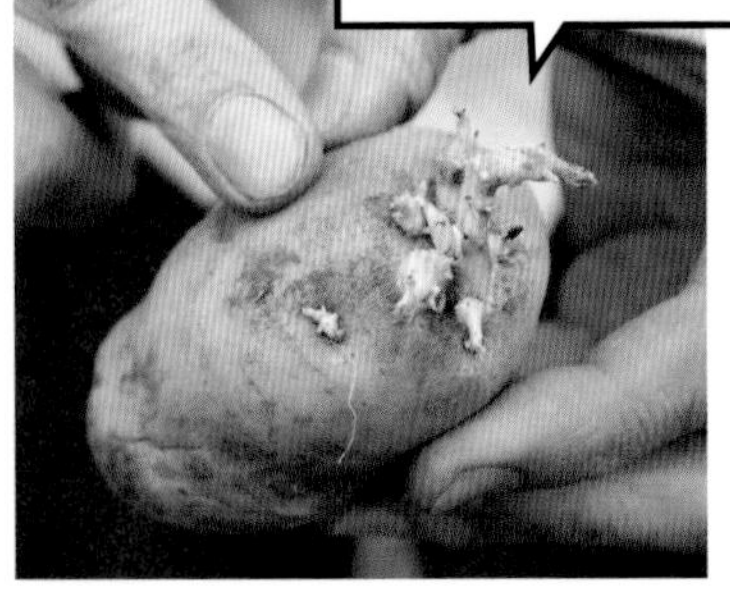

種イモは、基部（ストロンがつながっていたヘソ）の反対側から多くの芽を出す。この向きをそろえて30cm間隔で埋めていくと、地上部の株間も、ほぼ30cmの等間隔になる。

1 大きな種イモは深さ10㎝、小さな種イモは深さ5㎝が目安

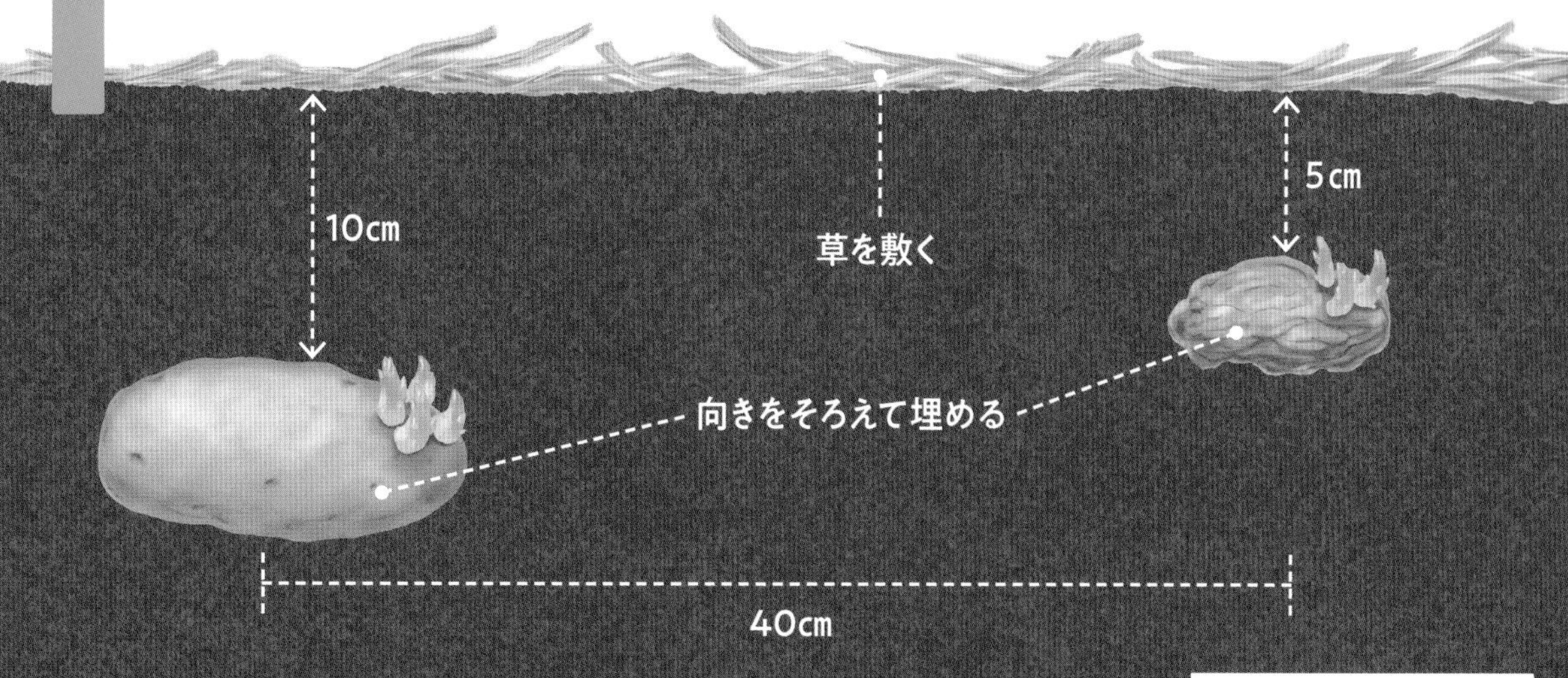

植え溝に置いた種イモを、大きいものは土にグッと押し込むようにし、小さいものはちょっと押すくらいにしてから覆土すると、適当な深さに埋められる。鎮圧はせず、土の表面をならして、刈り草を地面が見え隠れする程度に敷いておく。

深く考えず、直感で埋める深さを決める

畝を耕して植え溝をつけ、いったん等間隔に種イモを並べる。あとは種イモの「表情」を見ながら、深さを調節して埋める。深く考えず直感で埋めるといい。

2 芽が出そろうので同時期から競争が始まる

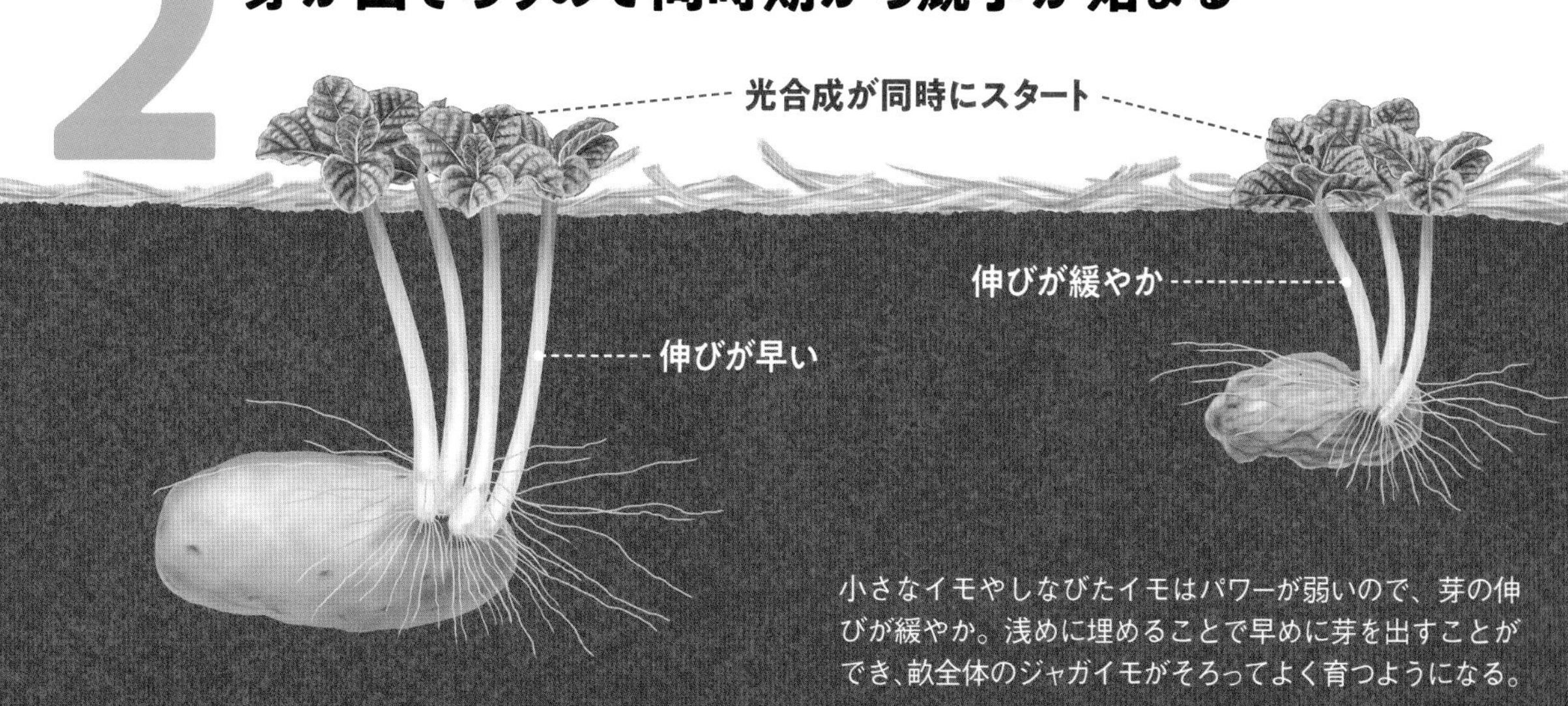

小さなイモやしなびたイモはパワーが弱いので、芽の伸びが緩やか。浅めに埋めることで早めに芽を出すことができ、畝全体のジャガイモがそろってよく育つようになる。

9 サトイモ

初期生育がよく土寄せもしやすい

溝底植え

種イモは置くだけで芽が早く出て育つ

通常栽培では、種イモを埋めたあと、イモを肥大させるために何度か土寄せをします。

溝底植えの場合は種イモを埋めず、深めの溝を掘って種イモを底に並べておくだけです。その後、芽が伸びるたびに、芽が見え隠れする程度に少しずつ土を落としてかぶせていきます。

溝の底は湿気があり、土を薄くかけるため太陽で温まりやすく、通常植えよりも芽が早く出て初期生育がいいのがメリットです。覆土を繰り返し溝が埋まったら土寄せは終了。秋の収穫を待ちます。

1 深さ20〜25cmの溝を掘り、溝の底に株間35cmで種イモを並べておく。2 土を少しずつ落としてかけて覆土し、徐々に溝を埋めていく。

10 サツマイモ

活着がよく収量も安定する

苗の陰干し植え

しおれさせた苗はスムーズに活着する

サツマイモの苗は、ツルを切ったものです。6月に入って十分に地温が上がったら苗を植えます。

サツマイモの場合、植えつけ前に苗を水に浸すことはしません。苗は陰干ししてしおれさせてから植えるのが正解です。葉の付け根から新しい根が伸び出し、スムーズに活着してよく育ち、いいイモが採れます。陰干しする時間は、購入苗は1〜2日、自分で苗採りしたものなら3日が目安です。

苗を水に挿すと「水はバケツから吸うものだ」と勘違いして、活着が遅れます。

1 苗は陰干ししてから植える。2 苗は株間30cmで、深さ5cmの溝に水平に埋める。まず切り口を縦に挿し、苗を曲げて水平にし、先端の芽だけを地上に出して埋めたら鎮圧。

11 夏野菜共通

風をよけて活着を促し初期生育をよくする 畝まるごと腰巻あんどん

株数の多い野菜に向く 畝全体を囲む大あんどん

夏野菜の苗を植えたら、風対策や低温対策のために〝あんどん〟で囲い、初期生育を助けてあげましょう。

しかしトウモロコシやオクラなど、株間が狭くて株数が多い野菜を1株ずつ囲うのは大変です。そこでおすすめなのが「畝まるごと腰巻あんどん」です。畝の周囲に支柱を立て、不織布や寒冷紗で畝自体をぐるりと囲む方法です。高さは30㎝ほどあればよく、風向きが変わって苗への当たりをやわらげることができます。

不織布のトンネルでトウモロコシの初期生育を促進。生長してトンネルに達したら撤去するか、ずらして風よけとして利用しても。

そよ風が当たる環境で野菜はよく育つ

野菜は強風を嫌うが、無風状態も好きではない。腰巻あんどんで囲うと、野菜が大好きな、そよ風をつくることができる。

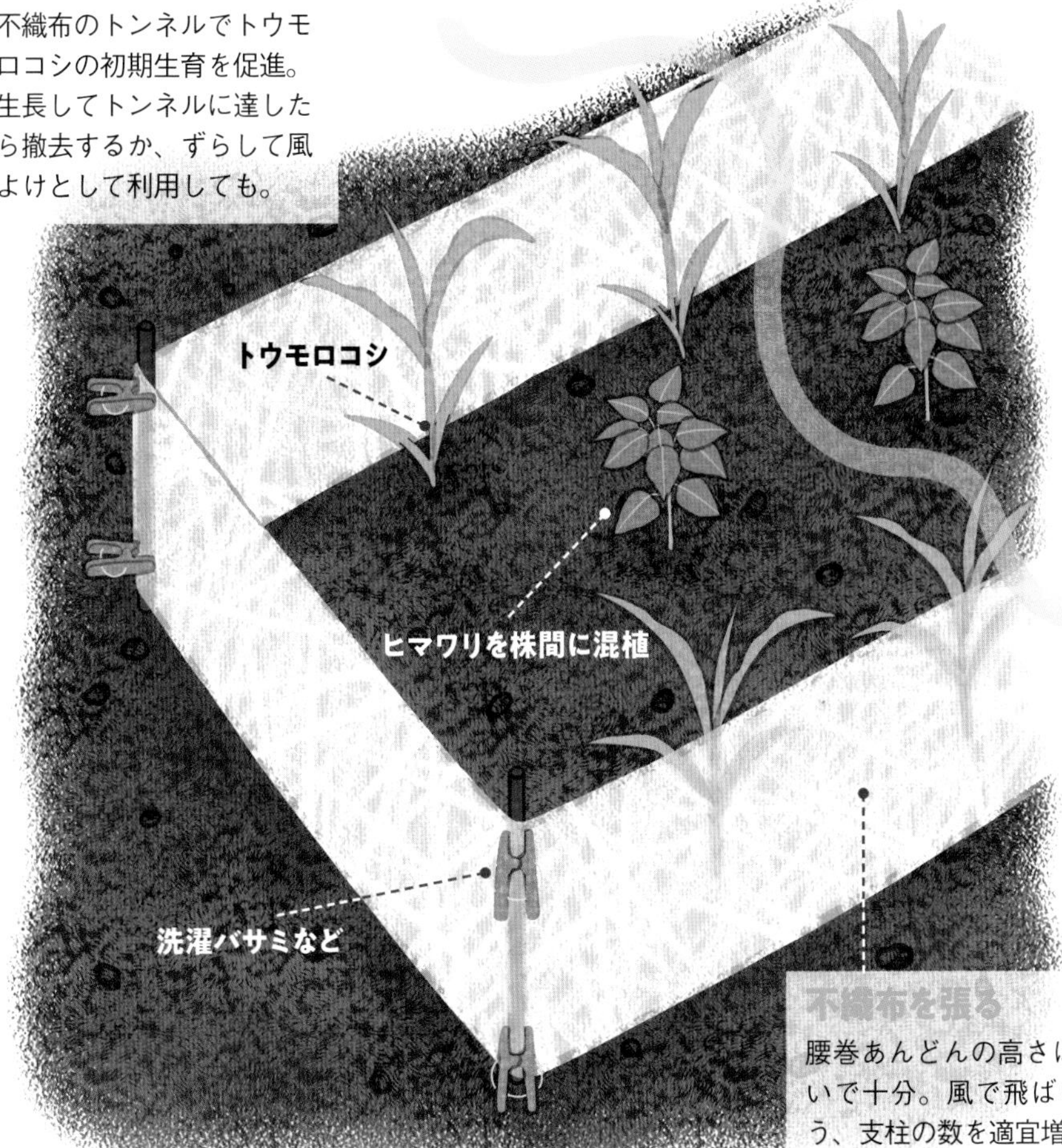

不織布を張る

腰巻あんどんの高さは30㎝くらいで十分。風で飛ばされないよう、支柱の数を適宜増やし、洗濯バサミなどで固定しておく。

⑫ ハクサイ

スムーズに活着して結球に至る

若苗の足踏みプレ鎮圧植え

植えつけ前に畝を歩いて定植前プレ鎮圧をする

プレ鎮圧は、苗を植える前に、定植する場所を鎮圧しておくテクニックです。畝を歩いて踏み、2列の踏み跡をつけておきます。

土がしっかりと鎮圧されるので、十分な湿気と適度な土圧のおかげで、ハクサイの若苗は根をすくすくと伸ばすことができます。

生育遅れが致命傷となるハクサイには、プレ鎮圧で好適な環境をつくっておくことがポイントです。ただし、土が湿っているときにやると逆効果なので、注意が必要です。

植えつけ前に足で畝を踏んでプレ鎮圧

畝の上をゆっくり歩いて2列の踏み跡をつけてプレ鎮圧をしておく。

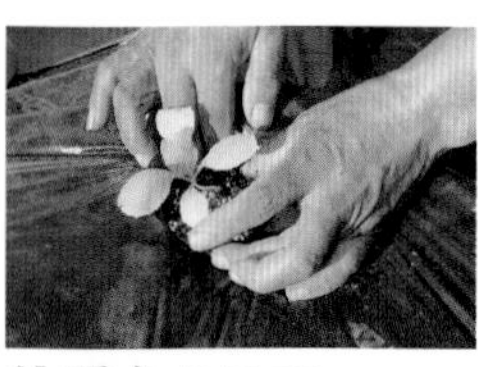

体重をかけてしっかりと鎮圧

プレ鎮圧をした場所に苗を植え、手でしっかりと"本鎮圧"をする。これで問題なく活着する。

刈り草を敷いておく

刈ったススキやソルゴーを敷くと、土壌の生物活性が高まり生育がよくなる。カビ発生の心配があるので、刈り草は苗に触れないように。

プレ鎮圧した列に沿って株間50㎝で植えていく

踏んで鎮圧した列に沿って苗を植える。2列に植える場合、大きくなってもお互いが邪魔をしないようW字に置く"ちどり植え"がおすすめ。

植えつけ前に葉裏をチェック

葉裏に害虫の卵が産みつけられていたり、幼虫がついていたりすることもある。わざわざ畑に持ち込まないよう、植える前にはよく観察を。

生長点に土をかけないように

生長点に土がかかるとシンクイムシが卵を産みつけることもある。幼虫が孵化すると生長点が食べられてしまうので、植えつけの際にはよく注意をして。

13 キャベツ・ブロッコリー

老化苗でも問題なく育つ 根切り植え

根が巻いた老化苗は根切りをして植える

キャベツとブロッコリーは、根がグルグル巻いている苗を買ってしまっても大丈夫です。根の再生力が強いので、ひと手間かけた〝根切り植え〟をすれば、定植後の生育がよくなります。

まず根鉢を崩して、根をちぎって半分くらいにしてから植えつけます。根の再生力が強いキャベツとブロッコリーは、新しい根をどんどん伸ばすので、よく活着して生育も旺盛に。

根が巻いていない苗はそのまま植えても構いませんが、根量が増える根切り植えをするのがおすすめ。ブロッコリーは茎が長いので、やや深めに植えると安定しますが、キャベツは茎が短いので深植えにはせず普通に植えます。

根を半分くらいちぎって植える

1 グルグルと巻いた根鉢を崩して、根を半分くらいちぎる。2 ブロッコリーは深めに、キャベツは普通の深さに植え、体重をかけてしっかりと鎮圧する。

Point

ブロッコリーは〝斜め深植え〟をするといい

根切りしたブロッコリーをさらに〝斜め深植え〟するとよく育ちます。本葉以外の茎を土に埋めると、茎から不定根が多く出て生育旺盛に。いちばん下の葉をカットして新葉を出やすくさせるのもポイントです。

植えたら本葉を1枚切り取る

手でしっかり鎮圧する

双葉は埋めてしまう

茎から根が出る

14 コマツナ・カブなど

発芽がそろって生育良好

覆土なし足踏み鎮圧まき

鎮圧するだけで驚きの発芽率！

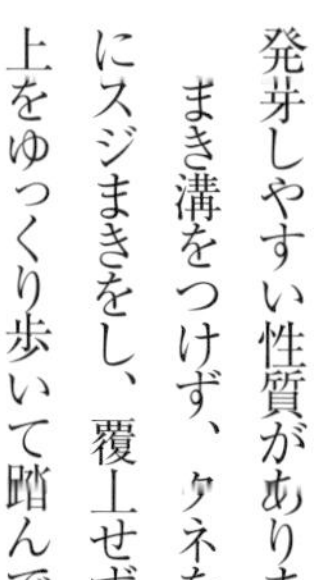

コマツナ、カブ、ミズナなどアブラナ科野菜のタネは、もともと発芽しやすい性質があります。

まき溝をつけず、タネを畝の上にスジまきをし、覆土せずにその上をゆっくり歩いて踏んで鎮圧するだけで、驚くほどよく発芽します。土が乾き気味のときは2～3度踏んで鎮圧します。

なお、ダイコンの場合はタネまき前とタネまき後に足踏み鎮圧をします。畝の上を歩いてまきスジをつくり、株間30㎝でタネを点まきし、もう一度踏んでおきます。これで、根をよく伸ばします。

1コマツナ、カブ、ミズナ、ルッコラなどのタネをスジまき。2タネをまいたスジに沿って歩いて鎮圧する。土の湿り気が多いときは足で踏まずに、手で鎮圧する。3本葉が出て混んできたら間引きを兼ねて収穫する。

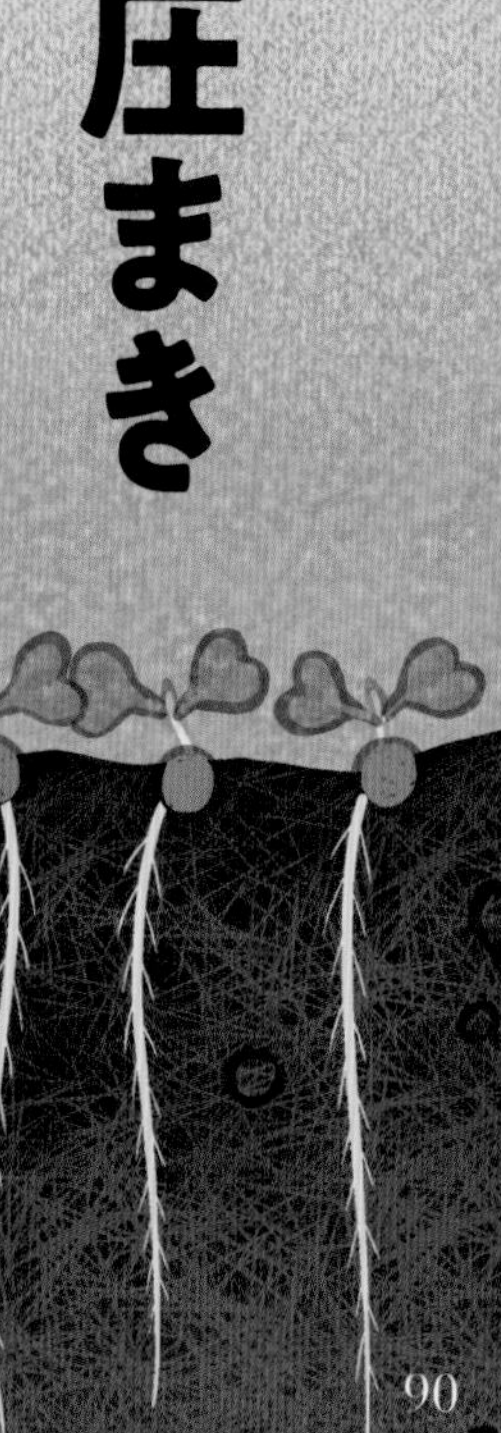

タネの頭が出ている状態だと発芽がよくそろう

アブラナ科のタネは発芽しやすい。タネを1～2㎝間隔でスジまきしたら足で踏んで鎮圧しておくだけでいい。呼吸もでき、土から水分を得て発芽がそろう。

15 ホウレンソウ

根が深くまでよく伸びる 2度踏み鎮圧まき

水やり不要で根がグングン伸びる

ホウレンソウは、根菜並みに根を深く伸ばして養水分を集めて育つ野菜です。ちなみにビーツはホウレンソウの仲間です。

そこで、ホウレンソウが根を深いところまで安心して伸ばしていけるよう、前ページで紹介したダイコン同様に、タネまきの前とあとで2度鎮圧をします。

タネのまき方は左の通りで、ダイコンと違うのはスジまきして覆土をすることです。発芽しにくいとされるホウレンソウもこれで見事に発芽がそろいます。もちろん水やりは不要です。

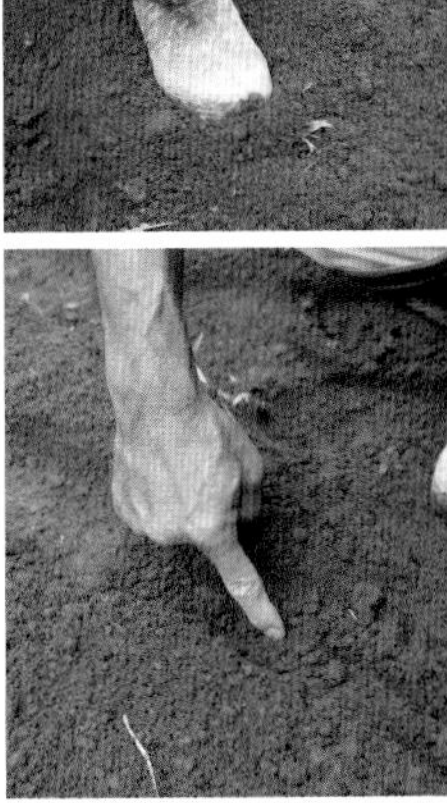

2

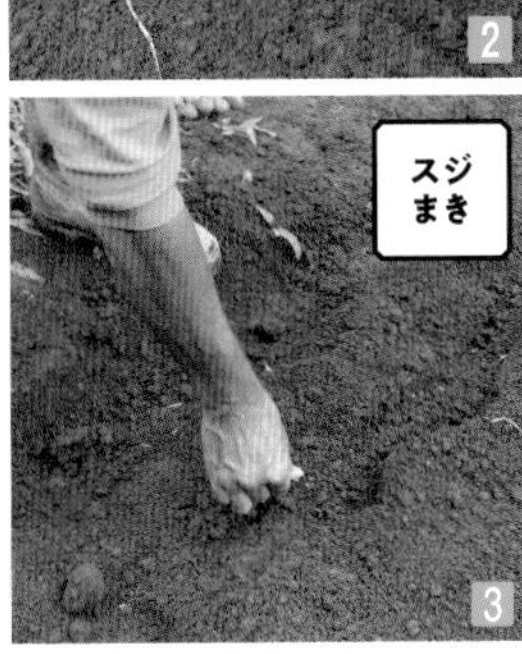

4 覆土

ホウレンソウは、覆土ありの2度踏み鎮圧でスジまき

1 畝の上をゆっくり歩いて1回目の鎮圧をする。条間20～30cmで踏み跡を2～3本つける。2 踏み跡に指で深さ1cm程度のまき溝をつける。3 溝にホウレンソウのタネを約2cm間隔で落としていく。4 5 つま先でタネの上に少し土をかけながら歩いて鎮圧していく。発芽後は数回に分けて間引きをし、最終的に株間を10cm程度にする。

スジまきはなるべく等間隔にまく

ホウレンソウをスジまき。ホウレンソウに限らず、タネは同じ深さにできるだけ等間隔にまく。不公平なく同じ環境にすると発芽がそろいやすく、競ってよく育ち始める。

⑯ レタス

覆土なしでよく発芽する 溝底まきっぱなし

タネをまいたら土はかぶせない

レタスは覆土しない方が、発芽がよくなります。種皮が扁平形でとても薄いので、覆土して鎮圧すると土を持ち上げる力が弱いため発芽がそろわなくなります。

タネをまいたら覆土せず、そのままにしておくのがレタスのタネまきの秘訣。不安になるかもしれませんが、発根するまでに土が自然とかぶさり、まく前に鎮圧しておけば、地表に上がった水分でちゃんと発芽することができます。

タネを一晩、水に浸しておく

レタスのタネは、水に一晩浸しておくと発芽しやすくなる。ただ、水に浸した状態で室温に数日置いてしまうと発芽してしまうので要注意。翌日にタネをまけない場合は、冷蔵庫に入れておくと発芽を遅らせることができる。

1 板の角を畝に押しつけまき溝をつくる

スジまきのときは、板の角を畝に押しつけてまき溝をつくる。こうすると地表に水分が上がってくるので、タネが水を吸えるようになる。

2 タネをスジまきしたらそのままに

タネまき後の覆土は不要。根が出てくる前は光を当てないとタネが休眠してしまうからだ。発根する頃にはタネの上に自然と土が落ちてくる。

Point ≫ 苗を定植する場合は小苗を植える

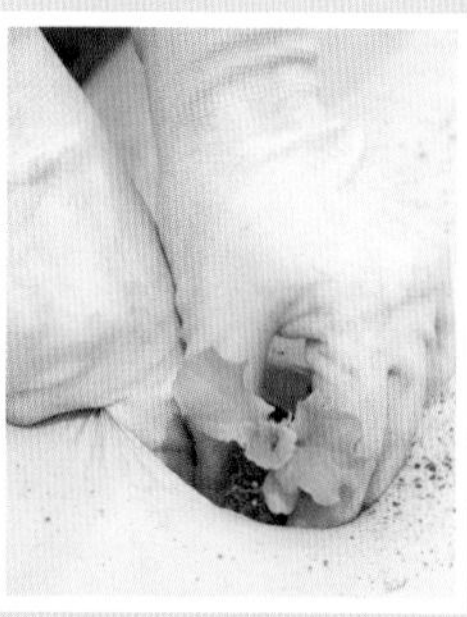

根が巻いた老化苗を植えると、いびつな玉になってしまいますので、小苗を植えるのがおすすめ。200穴セルトレイにタネをまき25日ほど育て、本葉2〜3枚の小苗を植えます。これならスムーズに活着し、きれいに結球します。

17 ニンジン

葉に含まれる発芽促進物質を利用 ドライリーフ一緒まき

タネの種類によって発芽の促し方を変える

ニンジンのタネは好光性なので光が当たることで吸水率が高まります。タネを埋める深さは、土壌水分の状態で変えましょう。土が乾き気味のときは2㎝の溝にまいて、足で鎮圧。ほどよい水分のときは1㎝の溝にまき、手で鎮圧します。いずれも鎮圧後の覆土は5㎜ほどになり、ニンジン向きの「薄い覆土」となります。

ニンジンの葉には「発芽促進物質」と「発芽抑制物質」が含まれていて、乾燥しているときは抑制側に、水に濡れると促進側に働きます。タネと一緒にまくと発芽を促進させることができるので、試してみてはいかがでしょうか。

ペレット種子
タネをまいたら水やりをする
ペレット種子は水を吸収することでコート剤が溶けて割れる。生種や裸種子より水分が必要になるので、タネまき後に水をあげた方が発芽しやすくなる。

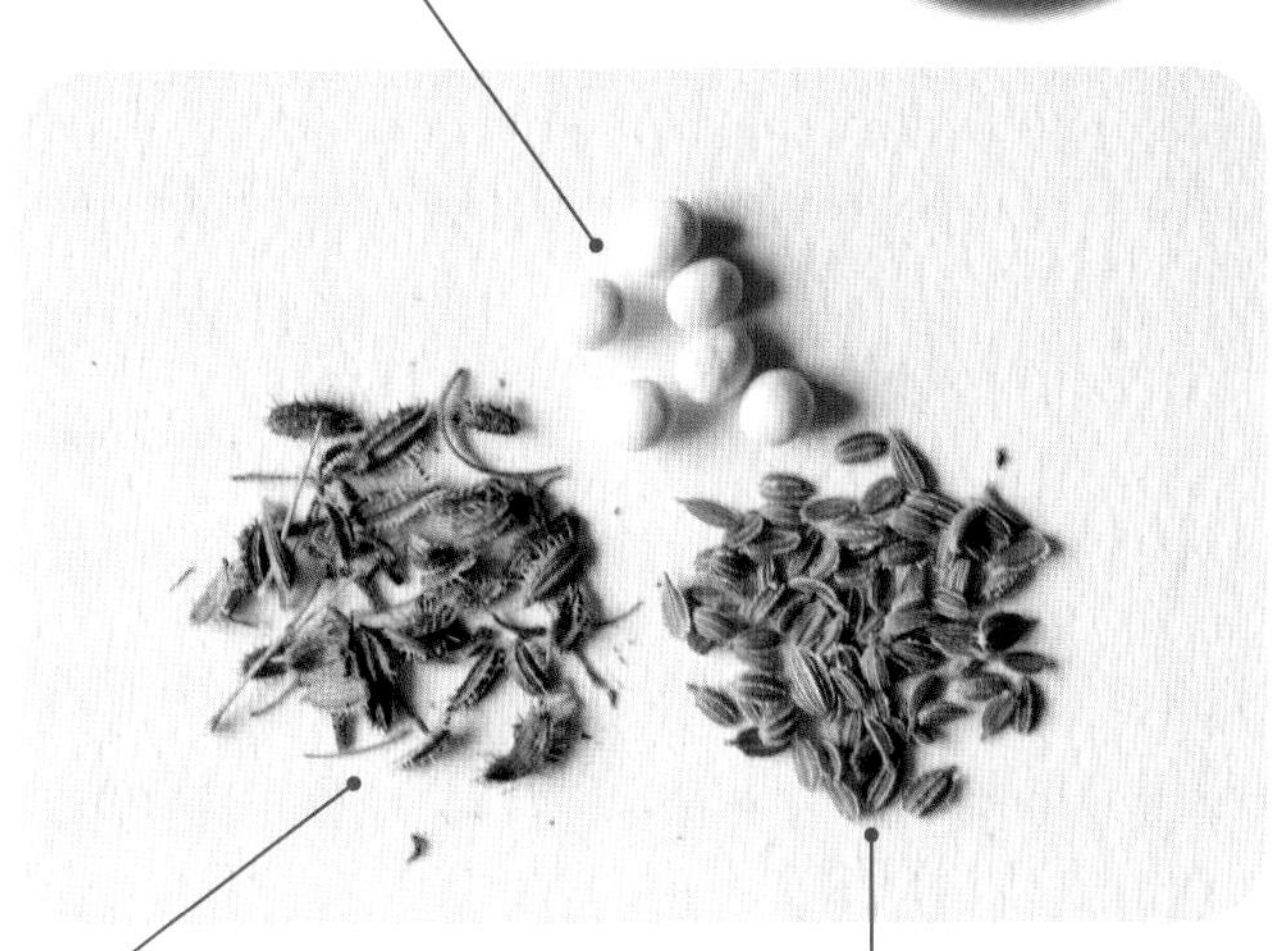

生種
毛や花殻と一緒にまく
生種の種皮についている毛や、タネ採りをしたときに残る花殻にも、葉と同じ「発芽促進物質」と「発芽抑制物質」が含まれる。一緒にまくと、よく発芽する。

裸種子
ドライリーフと一緒にまく
ニンジンの葉には「発芽促進物質」と「発芽抑制物質」が含まれている。葉を乾燥させてドライリーフにしておき、粉砕してタネと一緒にまくといい。

18 ゴボウ

発芽がそろい根張りもよくなる
覆土なし溝底まき

土をかぶせると逆に発芽率が悪くなる

ゴボウは好光性種子のため、発芽に光を必要とします。覆土をしないと発芽率が上がります。

畝に牛乳瓶などを押しつけ、深さ3～5㎝のまき穴をつけたら、底にゴボウのタネを3粒並べ、覆土も鎮圧もせずにそのままにしておきます。水やりも控えます。

芽が出る頃には、放っておいても自然に土が崩れて覆土されます。この自然まかせの覆土が発芽率を上げ、発芽のそろいをよくします。

イラスト下はおすすめのゴボウの畝づくりです。耕盤層などのかたい層を粗く崩して埋め戻しておくと根が深く伸び、ゴボウはおいしく育ちます。肥料は不要です。

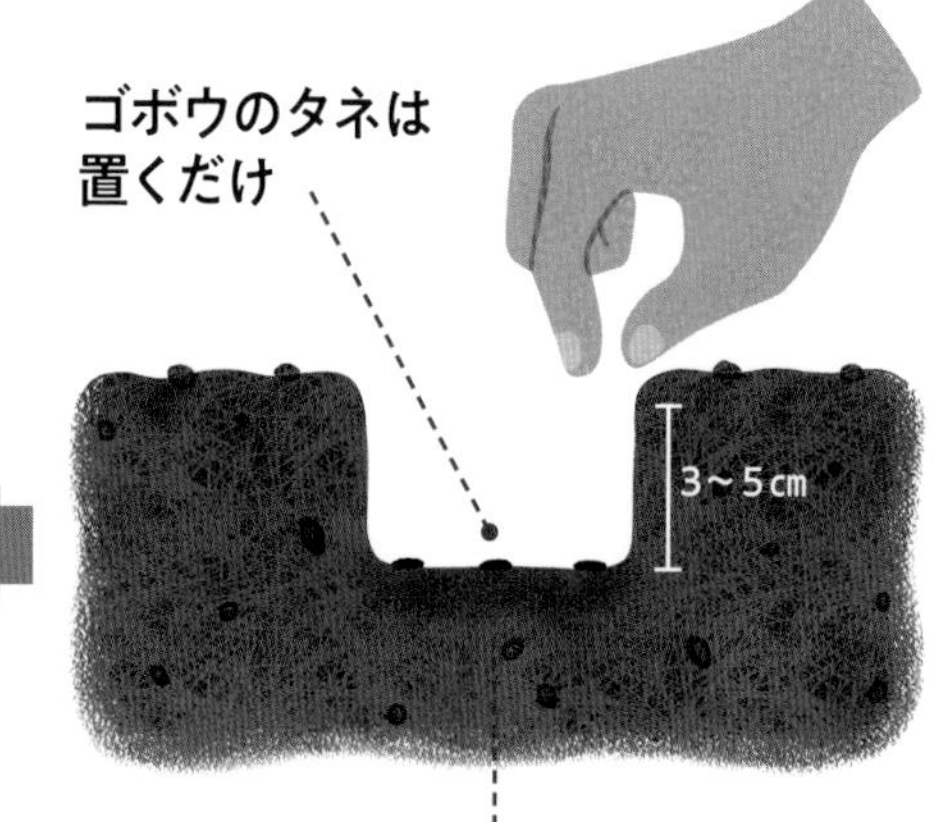

タネの上に自然に土がかぶさる

ゴボウの畝づくり

1 深さ約70㎝の溝を掘る

70㎝

埋め戻す土には堆肥や肥料を混ぜない

2 土を50㎝戻したら踏んで固める

下層にはゴロゴロのままの土を戻す

50㎝

3 すべて埋め戻して平畝を立てる

平畝

まっすぐなゴボウが育つ

19 長ネギ

土寄せ不要で軟白部を伸ばす
落とし植え&遮光栽培

狭い場所でも長ネギをつくれる

長ネギ栽培では通常、軟白部を伸ばすために土寄せをします。寄せる土を確保するため、ある程度の畝幅が必要となります。

落とし植え&遮光栽培なら狭い場所での栽培が可能です。棒であけた植え穴にネギ苗を落として植えます。覆土や鎮圧は不要です。

そして写真のように板を立てて遮光すると、通常栽培と変わらない長ネギが収穫できます。立てた板の周囲にボカシ肥料を浅くすき込んで追肥をしながら育てます。

植え穴をあけて苗をストンと落とす
1遮光用に立てた板に沿って、支柱や棒を挿して深さ約20㎝の穴を5㎝間隔であける。2ネギの苗を穴に1本ずつ落とすだけ。

生長に合わせて壁を高くする
並んだネギを板で挟んで遮光し軟白部を伸ばす。畝の左右の端に打ち込んだ角材に板をネジ留めする。ネギが生長したら板を足して高くする。

黒マルチで遮光するのもおすすめ
ネギの畝に立てた支柱に黒マルチを固定して、ネギを挟んで遮光している例。板で工作するよりも手軽に軟白栽培ができる。

20 タマネギ

大量の苗をラククラク定植、活着も速みやか

苗の踏みつけ植え

水やり不要で丈夫に育つ苗の踏みつけ植え

タマネギの苗を大量に植える場合、苗の踏みつけ植えがとくにおすすめです。労力が少なく、短時間で作業が済みます。そのうえ、根を踏んでしっかり鎮圧することで、速やかに活着します。

写真の通り、畝に4本まき溝をつけたら、タマネギの苗をまき溝に並べて覆土し、歩きながら鎮圧するだけです。定植は11月で、12月と2月下旬に米ぬかを株間にまいて軽く土寄せすると、5月に充実したタマネギが採れます。

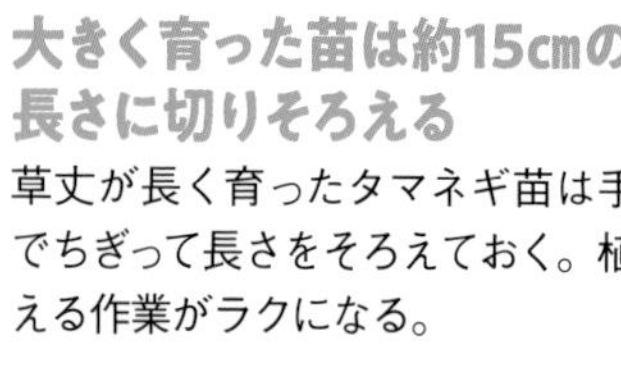

大きく育った苗は約15cmの長さに切りそろえる

草丈が長く育ったタマネギ苗は手でちぎって長さをそろえておく。植える作業がラクになる。

植えつけ前に三角ホーで4列の植え溝をつけておく。条間は30cm。

溝に苗を並べたら覆土して根の上を歩きながら鎮圧する

1タマネギの苗を株間15cmで植え溝に並べていく。2並べ終えたら根に土をかぶせる。3まき溝に沿って歩きながら、覆土した根の上を歩いて鎮圧する。4これで植えつけ終了。足踏み鎮圧のおかげで、水やり不要で速やかに活着する。

21 イチゴ

波板高畝栽培

根がよく張ってイチゴの実が土で汚れない

波板を利用した崩れない高畝に定植

イチゴの根は過湿を嫌うため、水はけのいい30cm程度の高畝栽培がおすすめです。高畝なら根を張るスペースが十分にとれ、大きな株に育てることができます。

高畝は土が崩れやすいのが難点ですが、写真のように波板を利用すればその問題はありません。水はけがよく、土が温まりやすいイチゴ向きの畝ができあがります。

苗を植えるのは10月下旬～11月上旬です。苗を用意し、花芽が出る方向を確認して、畝の外を向くように植えつけます。冬を越して翌年5月に実がつきます。

1 イチゴ苗は畝の外周から約15cm内側に２条植えする。株間は30cm。2 花房が伸びたら波板の縁に引っ掛けると実が土で汚れない。

波板を立てて高畝をつくり苗を2列に植える

1 畝をつくる場所に波板を立てて囲いをつくる。2 周囲を支柱で補強して、畑の土を入れて高畝をつくる。このとき堆肥、元肥も施しておく。3 3週間後にイチゴ苗を定植。4 土の保湿のために刈り草を敷く。

図解

土づくり タネまき 植えつけ

2021年12月28日　第1刷発行

発行人　松井謙介
編集人　長崎 有
編集担当　吉井 孝
発行所　株式会社　ワン・パブリッシング
〒110-0005　東京都台東区上野3-24-6
印刷所　共同印刷株式会社

●この本に関する各種お問い合わせ先
本の内容については、下記サイトのお問合せフォームよりお願いします。
https://one-publishing.co.jp/contact/

不良品（落丁、乱丁）については業務センター
Tel 0570-092555
〒354-0045 埼玉県入間郡三芳町上富 279-1

在庫・注文については書店専用受注センター
Tel0570-000346

ワン・パブリッシングの書籍・雑誌についての新刊情報・詳細情報は、
下記をご覧ください。
https://one-publishing.co.jp/

編集長　坂田邦雄
編　集　株式会社たねまき舎（島田忠重）
デザイン　中島三徳（有限会社エムグラフィックス）
写真　鈴木 忍、編集部
イラスト　横川 功、長岡伸行、小堀文彦
校正　株式会社フォーエレメンツ

※本書は、雑誌「野菜だより」に掲載された記事を、加筆・再構成したものを1冊にまとめたものです。
※本書は、『図解　土づくり　タネまき　植えつけ』（2019年・学研プラス刊）を再刊行したものです。